라즈베리파이 따라하기

초보자를 위한 라즈베리파이 가이드북

공성곤 · 백종웅 共著

 21세기사

이 도서의 국립중앙도서관 출판예정도서목록(CIP)은 서지정보유통지원시스템 홈페이지(http://seoji.nl.go.kr)와 국가자료공동목록시스템 (http://www.nl.go.kr/kolisnet)에서 이용하실 수 있습니다.(CIP제어번호: CIP2017005596)

머리말

2016년 1월 스위스에서 다보스에서 개최되었던 세계경제포럼에서는 제4차 산업혁명이 우리의 삶을 근본적으로 바꾸게 될 것이라는 비전을 제시하였습니다. 산업혁명의 요인은 생산기술의 진보에서 비롯되었다고 할 수 있는데, 1차 산업혁명은 증기기관을 이용하여 수공업에서 기계공업으로 전환하였고, 19세기 후반 전기에너지를 이용한 대량 생산체계가 2차 산업혁명을 촉발하였으며, 그 이후 반도체의 등장으로 디지털 기술이 3차 산업혁명으로 불리는 지식정보화 시대를 이끌었습니다. 이제 4차 산업혁명 시대에서는 기술의 융합에 의하여 산업영역 사이의 경계가 허물어지고 우리 주위의 모든 제품들은 지능을 보유한 사물인터넷으로 진화할 것이며, 오픈소스 하드웨어와 오픈소스 소프트웨어를 통해 자신만의 아이디어를 쉽게 구현하고 크라우드 펀딩을 통해 제품을 생산하고 판매하는 창의적인 소규모 개발자들도 하나의 직업군으로 정착할 것으로 전망되고 있습니다.

오픈소스 하드웨어/소프트웨어는 장치개발에 익숙하지 않은 사람들도 직접 디자인하여 자신의 아이디어를 구현하는 장치를 만들고 손쉽게 제어할 수 있도록 고안되어 널리 보급되어 있습니다. 아두이노나 라즈베리파이 같은 임베디드 시스템은 스위치나 센서를 이용하여 외부환경에 대한 데이터를 받아들여, LED나 모터와 같은 외부 기기들을 제어함으로써, 주위 환경과 상호작용할 수 있는 장치를 만들 수 있습니다. 이 책에서 공부하는 라즈베리파이는 영국 라즈베리파이 재단이 기초적인 컴퓨터 교육을 장려하기 위해 개발한 소형 단일보드 마이크로컴퓨터로서, 초보자들의 교육목적을 위해 개발되었기에 사용자에게 친숙한 인터페이스로 구성되어 있고, 보드를 구성하는 부품들 또한 하나의 칩 안에 CPU, GPU, RAM을 모두 포함하는 SoC(System on Chip)를 채용함으로서 가격과 복잡도를 모두 낮추었으므로 소규모 개발자들에게 큰 인기를 얻고 있습니다.

이 책은 라즈베리파이를 처음으로 대하는 초보자들도 쉽게 접근할 수 있도록 체계적으로 구성되어 있습니다. 1장에서는 라즈베리파이의 기본개념과 활용 예에 대해서 소개하고, 2장에서는 라즈베리파이 보드를 사용하기 위한 라즈비안 운영체제의 설치와 기본 환경설정 하는 법을 공부하겠습니다. 3장에서는 라즈비안의 기본 구성요소들과 기능들을 알아보고, 리눅스 터미널 사용법에 대해서도 배울 것입니다. 4장에서는 초보자들도 레고 블록을 조립하듯 손쉽게 프로그래밍 할 수 있는 '스크래치'를 이용하여 간단한 비행기 슈팅 게임을 만들어 보겠습니다. 5장에서는 '파이썬' 프로그래밍 언어의 기초 문법과 자료형에 대해서 알아보고, 6장에서는 라즈베리파이 보드와 다양한 센서를 이용하여 외부 데이터를 어떻게 처리할 수 있는지 예제들을 통해 배울 것입니다. 7장은 '날씨 예보 스테이션'과 '원격 감시 카메라'의 2가지 프로젝트를 통하여 실생활에서 라즈베리파이를 활용하는 방법을 알아보겠습니다. 이 책을 통하여 라즈베리파이를 더욱 창의적이고 자유롭게 활용할 수 있게 되기를 바랍니다.

저자

차례

CHAPTER **1**

라즈베리파이
소개

학습목표

- 라즈베리파이에 대한 기본개념을 이해한다.
- 실생활에서의 라즈베리파이가 어떻게 활용되는지에 대해서 알아본다.

이 장에서는 라즈베리파이란 무엇인지 기본적인 개념을 소개하고, 우리의 실생활에서 어떻게 이용되고 있는지에 대해서 알아보겠습니다.

1.1 라즈베리파이 개요

라즈베리파이(Raspberry PI)는 값이 저렴하고, 크기가 명함사이즈 정도로 작으며, 성능이 우수한 단일보드(single board) 마이크로컴퓨터(Microcomputer) 입니다. 과일이름인 산딸기(Raspberry)와 앞으로 공부할 컴퓨터 언어인 파이썬(Python) 번역기(Interpreter)의 약자인 P와 I를 합쳐서 '라즈베리파이(Raspberry PI)'라고 부르고 있습니다. 라즈베리파이는 작지만 성능이 매우 우수해서 소형 서버나 움직이는 로봇을 만들 수도 있으며, 적외선 센서를 달아 인터넷으로 접속하여 실내온도를 일정하게 유지하도록 에어컨을 제어하는 등 매우 다양한 일을 척척 해 낼 수 있습니다. [그림 1-1]은 이 책에서 주로 다루게 될 라즈베리파이 3 모델 B 보드인데, 크기는 9cm×6cm정도이며, 각 구성요소에 대해서는 제 2장에서 자세히 설명하겠습니다.

[그림 1-1] 라즈베리파이 3 모델 B 보드

라즈베리파이 보드에 대한 첫 아이디어는 2006년 영국의 케임브리지(Cambridge)대학의 컴퓨터 연구실에서 시작되었습니다. 그 당시 영국 초등학생들의 정보통신 기술(ICT; Information and Communication Technology) 교육과정[1]은 마치 1990년대 교육과정과 같이 Word, Excel, 웹 사이트 만들기 등으로 구성되어 있어 시대에 뒤떨어져 있었고, 이 것을 개선하려고 노력하는 사람들도 많지 않았다고 합니다. 케임브리지 대학의 에벤 업튼(Eben Upton)교수와 그의 동료들은, 사람들이 '컴퓨터는 너무 비싸고 사용하기도 어렵다'라는 잘못된 인식 때문에 아이들이 컴퓨터 프로그래밍에 도전하지도 않고 포기할 것을 염려하여 2006년부터 작으면서도 기능이 강력하고 사용이 편리한 마이크로컴퓨터 설계를 시작하였고 마침내 2008년에 라즈베리파이는 세상에 첫 모습을 보이게 되었으며, 그와 동시에 라즈베리파이 재단을 설립하여 널리 보급하고 있습니다.

라즈베리파이는 초보자들의 프로그래밍 실력 향상을 목표로 개발되었기에 라즈비안 운영 체제의 설치과정과 사용법, 외부 센서로 부터 들어오는 신호를 처리하는 과정, 그리고 단일 보드 내의 부품들의 구성까지 최대한 단순하게 만들었습니다. 따라서 대부분의 라즈베리파이의 기능들은 대체로 직관적이며, 그 이외의 기능들도 잘 정리된 라즈베리파이 문서와 예제들을 통해 금방 숙달시킬 수 있어 대학에서 컴퓨터를 전공하지 않아도 누구나 쉽게 하드웨어와 소프트웨어 개발을 병행하여 자신만의 아이디어 제품을 만들 수 있습니다. 이러한 라즈베리파이의 쉬운 접근성 덕분에 국내에서도 개인이 취미생활로 집에서 사용할 간단한 스마트 제품을 만들거나, 기업에서는 제품을 생산하기 전 시제품(Prototype)을 신속하게 만들어 보기 위해 라즈베리파이를 사용하기도 합니다.

마지막으로 국내 라즈베리파이 인터넷 커뮤니티를 통해 다양한 분야의 사람들이 모여 소규모 그룹으로 자신만의 아이디어 장치를 만들어보거나, 커뮤니티에서 주최하는 공동 프로 젝트에 참여하는 활발한 활동들이 있습니다. 이 책의 부록인 8장에서는 라즈베리파이 개발 시에 도움이 되는 국내 · 외 라즈베리파이 인터넷 커뮤니티 사이트에 관하여 정리해 두었습니다.

---

1) 영국에서는 초중등학교에서부터 ICT 교육을 실시하며, 주로 소프트웨어 교육과정을 담고 있습니다.

1.2 실생활에서의 라즈베리파이 활용

실제로 라즈베리파이가 우리 생활에서 어떻게 쓰이고 있는지에 대해서 알아보겠습니다. 앞서 소개했던 것처럼 라즈베리파이는 처음부터 어린아이들을 위해 등장했기에 그 만큼 사용이 편리하도록 설계되어 있습니다. 그래서 누구나 조금만 라즈베리파이를 다루어 본다면 금방 사용방법에 대해서 익힐 수 있습니다. 이러한 장점 때문에 컴퓨터에 대해서 잘 알지 못하는 일반인들도 개인 취미생활로서 혼자서 DIY(Do It Yourself) 제품을 직접 만들어 쓰기도 하고, 산업분야에서는 사물 인터넷(Internet of Things) 기능이 장착되어 있는 제품을 대량으로 생산하기 전에 시제품(Prototype)을 만들 때 라즈베리파이를 이용하기도 합니다.

[그림 1-2] 라즈베리파이를 이용한 인터넷 라디오

실제로 개인 취미생활로서 만들어진 재미있는 제품들을 'www.instructables.com' 이란 웹사이트 통해 몇 가지 소개하겠습니다. 라즈베리파이 인터넷 라디오[2]는 라즈베리파이를 이용해서 스트리밍 오디오 플레이어로 만들어 오래전에 단종된 고풍스러운 라디오의 모양의 케이스에 넣어 음악을 즐길 수 있도록 만든 것입니다([그림 1-2]). 만드는 과정이 복잡하지 않아 인터넷 라디오가 필요하신 분들이라면, 구매하는 것보다 라즈베리파이를 배운 뒤, 취미 삼아 한번쯤 만들어보는 것도 나쁘지 않을 것입니다.

두 번째 제품은 라즈베리파이 아케이드 테이블[3]이란 제품입니다 ([그림 1-3]). 옛날 동네 오락실에서 흔히 볼 수 있었던 아케이드 게임기를 라즈베리파이 보드를 이용하여 만든 사례입니다. 제작자는 게임 테이블을 직접 설계하여 만들고, 그 안에 라즈베리파이를 이용해서 여러 종류의 옛날 게임들을 실행할 수 있는 프로그램을 작성하여 설치함으로서 자신만

---

2) http://www.instructables.com/id/Raspberry-Pi-Internet-Radio/
3) http://www.instructables.com/id/Raspberry-Pi-Arcade-Table/

의 오락기가 탄생하였습니다. 그리고 라즈베리파이 인터넷 날씨예보 장치[4]는 라즈베리파이
와 HDMI 모니터를 이용하여 작은 크기의 날씨 예보 시스템을 만들어 부엌에서나, 현관 등
장소에 상관없이 설치가 가능하게 만들어 어디서나 유용한 날씨 정보를 접할 수 있도록 도
와줍니다([그림 1-4]). 이 제품 또한 제작 과정이 모두 공개되어 있고 소스코드 또한 전부
제공되고 있으므로 라즈베리파이에 대한 어느 정도의 지식이 있다면 인터넷 기상 예보 시
스템을 어렵지 않게 만들어 볼 수 있을 것입니다.

[그림 1-3] 라즈베리파이 아케이드 테이블

[그림 1-4] 라즈베리파이 날씨 예보장치

이 밖에도 라즈베리파이를 이용하여 만들어낸 창
의적이고 흥미로운 발명품들이 수 없이 쏟아져 나
오고 있습니다. 개발자 그랜트 깁슨은 장난감 메
이커인 피셔 프라이스 사에서 1962년부터 판매해
온 채터 텔레폰(Chatter Telephone)[5]이 애니메이
션 영화 토이 스토리 3에 말하는 전화기로 등장하
는 것을 보고, 라즈베리파이 모델 B+를 이용하여
인근 극장에서 상영하는 영화도 알려주고, 주인이
사무실을 나가면 집에 있는 장난감의 벨이 울리며

[그림 1-5] 수다쟁이 스마트폰

가족들에게 알려주는 수다쟁이 스마트폰 ([그림 1-5])으로 기능을 개선하였습니다.

---

4) http://www.instructables.com/id/Raspberry-Pi-Internet-Weather-Station/

5) http://www.grantgibson.co.uk/2014/08/fisher-price-talking-chatter-smartphone/

파이크로웨이브(Picrowave)[6]는 개발자 네이던 브로드벤트가 라즈베리파이를 이용하여 보통 전자레인지에 여러 가지 재미있는 기능들을 추가한 것입니다. 예를 들면, 터치패드에 라즈베리파이 로고를 넣어 새로 디자인하였고, 시간도 인터넷에 접속하여 자동적으로 업데이트되도록 하였으며, 음성명령으로 전자레인지를 조작할 수 있도록 하였습니다. 또한 타이머가 종료하였을 때 자동적으로 트윗하고, 바코드 스캐너를 이용하여 음식의 요리방법을 온라인 데이터베이스로부터 찾을 수 있는 편리한 기능들도 포함시켰습니다. ([그림 1-6])

[그림 1-6] 파이크로웨이브

개발자 데이비드 헌트의 파이폰(Piphone)[7]은 라즈베리파이에 GSM 모듈, 배터리, TFT 터치스크린을 결합하여 스마트폰을 제작한 매우 창의적인 프로젝트입니다. 시작품이긴 하지만, 시중에서 쉽게 구할 수 있는 저렴한 전자부품들을 이용하여 비교적 콤팩트한 사이즈에 여러가지 편리한 기능을 가진 스마트폰을 만들 수 있었습니다. ([그림 1-7])

[그림 1-7] 파이폰

---

6) http://madebynathan.com/2013/07/10/raspberry-pi-powered-microwave

7) http://www.davidhunt.ie/piphone-a-raspberry-pi-based-smartphone

출입보드(In/Out Board)[8]는 집에 여러 명의 룸메이트나 가족들이 있거나 회사에서 여러 명의 직원들을 대상으로 누가 자리에 있고, 누가 외출하였는지 기록을 하여야 할 필요가 있을 때 유용하게 사용할 수 있는 도구입니다. 대상이 되는 사람들은 자신의 스마트폰에서 블루투스를 활성화해서 라즈베리파이가 식별할 수 있도록 하고, 누군가가 집 안에 있을 경우에는 디스플레이에 그 사람 또는 그 사람 소유의 스마트폰이 있음이 표시되도록 합니다. 출입구 근처에 두면 누가 집에 있는지 아니면 외출하였는지 금방 확인할 수 있을 것입니다.

드론 파이(The Drone Pi)[9]는 라즈베리파이 보드와 카메라 모듈, 4개의 모터 등 기타 16개의 부품들을 조립하여 만든 쿼드콥터입니다 ([그림 1-8]). 리모콘과 스마트폰의 2개의 다른 장치를 이용하여 제어를 할 수 있는데, 라즈베리파이가 스마트폰으로부터 들어오는 정보를 수집하여 제어장치에 전달하고, 제어장치는 4개의 모터에 파워를 적절히 배분하여 공급합니다. 드론의 앞에 위치해 있는 파이카메라를 이용하여 사진은 물론 고해상도 비디오도 촬영할 수 있는 자신만의 드론을 만드는 멋진 프로젝트 입니다.

[그림 1-8] 드론 파이

---

8) http://www.instructables.com/id/Raspberry-Pi-Bluetooth-InOut-Board-or-Whos-Hom/

9) http://www.instructables.com/id/The-Drone-Pi/

CHAPTER **2**

라즈베리파이
시작하기

🎯 학습목표

- 라즈베리파이 보드에는 어떤 종류가 있고, 어떻게 변화되어 왔는지 이해한다.
- 라즈베리파이의 주변장치의 종류와 기능에 대해서 이해한다.
- 라즈베리파이를 본격적으로 사용하기 위한 개발환경 구축방법을 배운다.

이 장에서는 라즈베리파이 보드에는 어떠한 종류가 있고 어떻게 변화되어 왔는지, 라즈베리파이 보드의 주변장치들과 각각의 기능에 대해서 알아보겠습니다. 그리고 라즈베리파이 보드를 본격적으로 사용하기 위한 개발환경 구축방법에 대해서도 공부 하겠습니다.

2.1 라즈베리파이 보드의 종류와 소개

라즈베리파이 보드에는 다양한 종류가 있으며 지속적으로 새로운 버전이 출시되고 있습니다. 이 책에서는 2016년에 출시된 '라즈베리파이 3'을 사용하고 있으나, 이전에 출시된 버전들에는 라즈베리파이 모델 A, 모델 B, 모델 B+, Compute Module, 라즈베리파이 2 모델 B, 모델 Zero, 라즈베리파이 3 모델 B 등이 있습니다. 라즈베리파이 보드의 모델별 특징을 간단히 정리하면 [표 2-1]과 같습니다.

[표 2-1] 다양한 라즈베리파이 모델과 특징 요약

모델명	출시년도	특징
모델 A	2012. 2	라즈베리파이 보드 최초 출시
모델 B	2012. 4	256MB와 512MB의 두 종류가 있음. 라즈베리파이 모델 A보다 부품이 더 추가됨
모델 B+	2014	저장 매체의 규격의 변경 (SD카드→마이크로 SD카드) 기본 메모리 용량의 증가 (512MB 고정) USB 2.0 포트 수의 증가 (2개→4개)
Compute Module		PCB 생산 목적으로 설계된 보드 다른 모델들과 달리 I/O Board에 장착하여 사용함

모델명	출시년도	특징
라즈베리파이 2 모델 B	2015	기존 모델들보다 메모리 용량, CPU 처리속도가 향상
모델 Zero		보드의 소형화와 부품의 간소화가 이루어졌음
라즈베리파이 3 모델 B	2016	WiFi, Bluetooth 모듈을 기본적으로 내장하여 사용이 편리하도록 함

2012년 2월에 출시된 라즈베리파이 모델 A는 최초의 라즈베리파이 모델로서 메모리 용량이 256MB이고, 라즈베리파이 보드의 연산을 담당하는 시스템 온 칩(SoC; System on Chip)*은 BCM2835입니다([그림 2-1]). BCM2835의 CPU(Central Processing Unit) 처리속도는 700 MHz*이며, 싱글 코어*이고, 그래픽처리를 담당하는 GPU(Graphics Processing Unit)로는 250 MHz의 처리속도를 가진 VideoCore Ⅳ를 사용합니다.

[그림 2-1] 라즈베리파이 모델 A 보드

라즈베리파이 모델 B는 메모리 용량이 256MB와 512MB인 두 가지 종류가 있습니다 ([그림 2-2]). 모델 A와 모델 B는 모두 크기는 85.6×56.5mm이고, SoC도 BCM2835로 동일합니다.

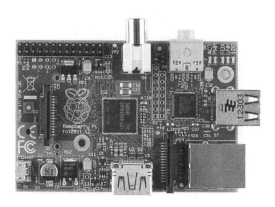

[그림 2-2] 라즈베리파이 모델 B 보드

2014년에 출시된 라즈베리파이 모델 B+([그림 2-3])는 모델 B와 규격이 같지만, 기본 메모리 용량이 512MB로 늘어났고, USB 2.0 포트가 2개에서 4개로 증가되었으며, 저장 매체 규격이 SD카드에서 마이크로 SD카드로 변경이 되었습니다. 또한 가격도 10달러(약 1만원) 정도로 낮아졌습니다. 그리고 모델 B+와 동시에 Compute Module ([그림 2-4])도 동시에 출시가 되었는데, 이 모델은 크기가 67.6×30 mm이며, 모델 B+와 같은 SoC와 메모리 용량을 가지고 있지만 SD 카드를 사용하지 않고 4GB 용량의 eMMC(Embedded Multi-Media Card)★ 플래쉬 메모리가 내장되어 있습니다. 또한 다른 모든 모델들과는 달리 입출력(I/O) 보드에 Compute Module을 결합하여 사용하는 형태입니다.

[그림 2-3] 라즈베리파이 모델 B+

[그림 2-4] 라즈베리파이 Compute Module

2015년에는 라즈베리파이 2 모델 B ([그림 2-5])와 모델 Zero ([그림 2-6])가 출시되었습
니다. 라즈베리파이 2 모델 B는 기존 라즈베리파이 모델 B, 모델 A, 모델 B+에서 사용되던
SoC를 BCM2825에서 BCM2836으로 업그레이드 하였습니다. BCM2836에서는 연산회로
가 쿼드코어(Quad Core)★로 증가되었고, 속도 또한 700 MHz에서 900 MHz로 빨라졌습니
다. 그리고 기존 최대 512MB 였던 메모리 용량도 1GB로 증가되었습니다. 그 밖에 포트의
개수나 규격은 라즈베리파이 모델 B+와 같습니다. 라즈베리파이 모델 Zero는 크기 65×30
mm 의 아주 작은 라즈베리파이 보드입니다. 가격은 5달러(약 5천원) 정도로 저렴하고 사
양은 라즈베리파이 모델 B+와 같은 BCM2835 SoC와 512MB의 메모리 용량을 가지고 있
습니다. 하지만 작은 크기의 보드 때문에 인터넷 연결을 위한 이더넷 포트와 3.5mm 오디
오 잭, USB 2.0 포트 등은 내장되어 있지 않습니다.

[그림 2-5] 라즈베리파이 2 모델 B

[그림 2-6] 라즈베리파이 모델 Zero

이 책에서 주로 취급할 라즈베리파이 3 모델 B 보드는 2016년에 출시되었으며, 그 기능에 대해서는 2.2절에서 자세히 살펴보겠습니다.

용어 해설
- SoC(System on Chip): CPU와 GPU, RAM을 하나의 패키지 안에 모두 내장하고 있는 칩.
- MHz (메가 헤르츠): Hz는 1초에 한 주기가 반복함을 나타내는 단위이며, Mega는 백만(10^6)을 나타내므로, 1MHz는 1초에 백만번 펄스신호를 보내 명령을 처리함을 의미합니다. 참고로 Giga는 10억(10^9)을 나타내므로, 1GHz는 1초에 10억번 명령을 처리합니다.
- 싱글 코어(Single Core): 하나의 CPU에 하나의 연산회로가 내장되어 있습니다.
- eMMC 플래쉬 메모리: 데이터 고속처리를 위해 모바일 기기에 내장하는 메모리 반도체.
- 쿼드 코어(Quad Core): 하나의 CPU에 연산회로 4개가 내장되어 있습니다.

2.2 라즈베리파이 보드의 구성과 주변장치

이 절에서는 라즈베리파이 보드 구성요소의 종류와 기능, 그리고 주변장치에 대해서 라즈베리파이 3 모델 B ([그림 2-7])을 기준으로 설명하겠습니다.

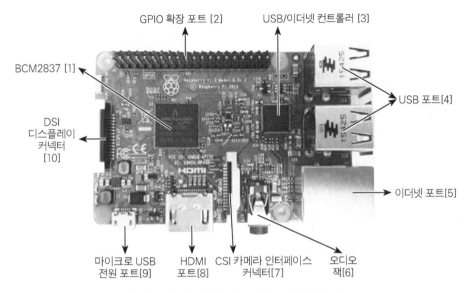

GPIO 확장 포트 [2]

USB/이더넷 컨트롤러 [3]

BCM2837 [1]

USB 포트[4]

DSI
디스플레이
커넥터
[10]

이더넷 포트[5]

마이크로 USB
전원 포트[9]

HDMI
포트[8]

CSI 카메라 인터페이스
커넥터[7]

오디오
잭[6]

[그림 2-7] 라즈베리파이 3 모델 B의 부품 구성

라즈베리파이 보드의 구성요소

[1] BCM2837

라즈베리파이 보드의 CPU, GPU, 그리고 RAM을 모두 포함하고 있는 SoC 입니다. 이 칩은 라즈베리파이 보드 내에서 이루어지는 모든 연산을 담당하는 중요한 부품입니다. BCM2837의 CPU는 연산회로가 총 4개인 쿼드 코어이고, 처리 속도는 1.2 GHz입니다. 그리고 GPU는 'VideoCore Ⅳ'이고 처리 속도는 400 MHz입니다.

[2] GPIO 확장 포트

GPIO(General Purpose Input/Output) 확장 포트는 라즈베리파이 보드와 외부의 다양한 하드웨어와 통신하기 위한 부품입니다. 각 핀은 모두 다른 연결을 할 수 있도록 독립적이지만, 모든 핀이 외부와 연결하기 위한 핀은 아니며 외부 센서 및 장치의 전원을 위한 핀도 존재합니다. 라즈베리파이 보드 3를 기준으로 하였을 때 GPIO의 핀 배치는 [그림 2-8]과 같습니다. 라즈베리파이 보드의 GPIO는 핀 배치가 고르지 않고, 보드 내부에 전원 보호회로가 들어있지 않아 과전압, 과전류 등의 회로 손상 등이 야기될 수 있어 사용시 주의가 필요한데, 이것은 코블러 (cobbler)를 통해 해소할 수 있습니다.

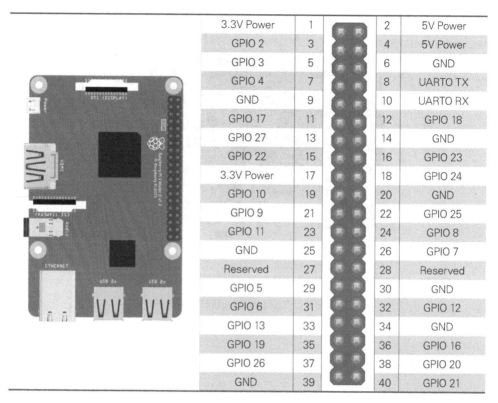

3.3V Power	1		2	5V Power
GPIO 2	3		4	5V Power
GPIO 3	5		6	GND
GPIO 4	7		8	UARTO TX
GND	9		10	UARTO RX
GPIO 17	11		12	GPIO 18
GPIO 27	13		14	GND
GPIO 22	15		16	GPIO 23
3.3V Power	17		18	GPIO 24
GPIO 10	19		20	GND
GPIO 9	21		22	GPIO 25
GPIO 11	23		24	GPIO 8
GND	25		26	GPIO 7
Reserved	27		28	Reserved
GPIO 5	29		30	GND
GPIO 6	31		32	GPIO 12
GPIO 13	33		34	GND
GPIO 19	35		36	GPIO 16
GPIO 26	37		38	GPIO 20
GND	39		40	GPIO 21

[그림 2-8] 라즈베리파이 3 보드 핀 맵

[3] USB/이더넷 컨트롤러

USB 포트와 이더넷 포트에 연결된 장치들을 제어하는 부품입니다.

[4] USB 포트

USB 규격의 장치를 라즈베리파이 보드와 연결할 때 사용됩니다.

[5] 이더넷 포트

라즈베리파이 보드의 네트워크 연결을 위한 랜(LAN) 케이블을 연결하기 위해 사용됩니다.

[6] 오디오 잭

3.5mm 규격의 오디오 잭입니다. 라즈베리파이 보드에서 소리를 출력하기 위해 사용됩니다.

[7] CSI 카메라 인터페이스 커넥터

CSI(Camera Serial Interface) 카메라 인터페이스 커넥터를 통해 라즈베리파이 보드와 모바일 카메라를 연결하여 사진과 동영상을 촬영하여 저장할 수 있습니다. 라즈베리파이 보드와 연결할 수 있는 모바일 카메라는 MIPI(Mobile Industry Processor Interface)의 CSI-2 구성을 사용하고 있으며, 이는 주로 스마트폰 모바일 카메라에 쓰이는 인터페이스입니다.

[8] HDMI 포트

라즈베리파이 보드와 HDMI 지원 장비를 연결하기 위한 커넥터이며, 주로 라즈베리파이 보드와 HDMI를 지원하는 모니터를 연결하기 위해 사용됩니다.

[9] 마이크로 USB 전원 포트

라즈베리파이 보드는 마이크로 5핀 USB 규격의 전원포트를 사용하고 있습니다. 이 규격은 주로 안드로이드 스마트폰에서 전원을 충전하거나 데이터를 주고받을 때 쓰는 USB 포트와 동일합니다. 라즈베리파이 3 보드를 외부 장치와 함께 안정적으로 사용하기 위해서는 5V/2.5A의 전력을 안정적으로 공급해 줄 수 있는 USB 어댑터가 필요합니다.

[10] DSI 디스플레이 커넥터

DSI (Display Serial Interface) 디스플레이 커넥터를 통해 라즈베리파이 보드와 외부 디스플레이 장치를 연결할 수 있습니다. DSI 규격을 가진 디스플레이는 직접적으로 라즈베리파이 보드와 연결될 수 있지만, DSI 규격이 아니라도 DSI 어댑터를 통해 연결될 수 있습니다.

라즈베리파이 보드의 주변장치

[11] 마이크로 5핀 USB 케이블 및 어댑터

라즈베리파이 보드는 전원 공급을 위해서 마이크로 5핀 USB 케이블이 필요합니다 ([그림 2-9]). 라즈베리파이 3 보드는 5V/2.5A의 외부 전원 어댑터([그림 2-10])를 이용하는 것이 라즈베리파이 보드와 외부 장치를 연결하여 사용할 때 안정적입니다.

[그림 2-9] 마이크로 5핀 USB 케이블

[그림 2-10] USB 전원 어댑터

[12] 마이크로 SD 카드

라즈베리파이의 운영체제와 프로그램들을 저장하기 위한 매체로 쓰이는 주변장치이며, 또한 스마트폰의 용량 확장에도 사용됩니다. 초기에 출시된 라즈베리파이 모델에서는 SD카드를 사용했지만, 후속 모델들은 마이크로 SD카드([그림 2-11])를 사용하고 있습니다.

[그림 2-11] 마이크로 SD 카드

[13] 유/무선 USB 마우스 및 키보드

라즈베리파이 보드를 사용하기 위해서는 PC처럼 키보드와 마우스가 필요합니다. 유/무선 방식 모두 지원하나, 운영체제 설치 단계에서는 리시버(Receiver)가 있는 무선 방식의 키보드, 마우스나 유선 방식의 USB 키보드와 마우스만 사용이 가능합니다. 각각의 장치는 모두 USB 포트에 연결하여 사용할 수 있습니다.

[14] HDMI 케이블 및 모니터

라즈베리파이 보드를 구동하고 화면을 보기 위해서는 모니터가 필요합니다. 최근에 출시되는 대부분의 모니터는 라즈베리파이 보드와 연결이 가능하지만, HDMI 포트를 직접적으로 지원하지 않는 모니터는 HDMI 변환 어댑터([그림 2-12])를 통해 연결하여야 합니다.

[그림 2-12] HDMI-VGA 변환 어댑터

[15] 유선 랜 케이블/무선 WiFi 동글과 무선 공유기

라즈베리파이 3 보드 이전 모델들은 이더넷 포트만 있어 통신을 하려면 유선 랜 케이블이 필요합니다. 또한 무선 통신 환경을 구축하기 위해서는, WiFi 동글이 별도로 필요하고 WiFi 신호를 송출해 줄 수 있는 무선 공유기도 필요합니다.

2.3 라즈베리파이 개발환경 구축하기

이 절에서는 라즈베리파이 보드를 본격적으로 이용하기 위하여 개발환경을 구축하는 방법에 대해서 공부하겠습니다.

준비물

- 라즈베리파이 3 보드
- 마이크로 SD카드 및 리더기
- 유/무선 키보드와 마우스
- HDMI 케이블과 모니터
- 마이크로 5핀 USB 전원 케이블 및 5V/2.5A 어댑터

개발환경 구축 절차

① 마이크로 SD카드를 리더기에 삽입 후 SDFormatter를 통해 포맷
② 라즈베리파이 운영체제를 인터넷에서 다운로드 후 마이크로 SD카드에 복사
③ 마이크로 SD카드를 라즈베리파이 보드에 삽입 후 운영체제 설치 시작

④ 운영체제 구동 후 한글 사용을 위한 설정 시작

⑤ 개발환경 구축 완료

단계1 마이크로 SD 카드 초기화

라즈베리파이 보드의 운영체제를 구동하기 위해서는 카드 리더기에 마이크로 SD카드를 삽입한 뒤, PC와 연결한 후, SDFormatter라는 프로그램을 이용하여 포맷을 진행하여야 합니다. SD Association 웹사이트[1]에 접속 후 Downloads를 선택하면, SD Card Formatter라는 항목이 있는데, 이것을 선택하여 자신이 사용하고 있는 소프트웨어 플랫폼 버전에 적합한 프로그램을 다운로드하여 설치합니다.

[그림 2-13] SDFormatter의 지원 플랫폼

SDFormatter가 정상적으로 설치되었다면 Drive란에 마이크로 SD카드 드라이브가 설정되어 있을 것입니다. 그리고 마이크로 SD카드의 용량이 정상적으로 표시되어 있는지 확인합

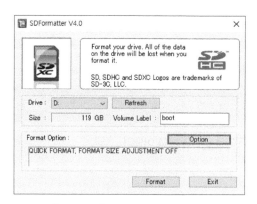

[그림 2-14] SDFormatter 실행화면

---

1) https://www.sdcard.org/downloads/formatter_4/

니다. 다음 Option으로 들어가 'Format type'이 'Quick' 으로, 'Format size adjustment'가 'On'으로 되어있는지 확인 합니다. 모두 정상적으로 설정이 되어있다면 'Format'버튼을 눌러 마이크로 SD카드를 초기화 합니다.

> **! 주의 마이크로 SD카드가 32GB보다 큰 경우**
>
> 저장용량이 32GB를 초과하는 마이크로 SD카드를 SDXC라 합니다. SDXC는 SDFormatter로 포맷시 FAT32 방식으로 포맷하지 않고 exFAT방식으로 포맷하기에 NOOBS의 내용물을 복사해도 설치 부팅이 되지 않습니다. 이러한 문제점을 해결하기 위해서는 SDFormatter로 한번 포맷을 한 마이크로 SD카드를 FAT32Format이란 프로그램을 이용하여 FAT32방식으로 강제적으로 다시 포맷해 주어야 합니다.

단계 2 운영체제 설치파일 다운로드 및 설치

마이크로 SD카드의 초기화가 끝나면, 라즈베리파이 보드의 운영체제 설치를 위한 파일을 다운로드 받고, 마이크로 SD카드에 복사합니다. 라즈베리파이 보드의 운영체제인 라즈비안(Raspbian)을 다운받기 위해서는 라즈베리파이 재단 공식 홈페이지(https://www.raspberrypi.org/)로 접속한 뒤 'Downloads'로 이동하면, NOOBS를 사용하거나 직접 라즈비안을 설치하는 2가지 방법이 있습니다.

NOOBS   RASPBIAN

[그림 2-15] NOOBS와 Raspbian 설치 방법 안내 페이지

(1) NOOBS로 라즈비안 설치하기

A NOOBS 압축 파일 다운로드

NOOBS(New Out Of the Box Software)는 운영체제 설치를 쉽게 도와주는 설치 관리자입니다. 'Downloads' 페이지에서 NOOBS를 선택하고, NOOBS 란에 있는 'Download ZIP'를 선택하여 NOOBS 압축 파일을 다운받습니다.

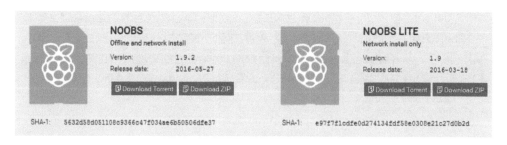

[그림 2-16] NOOBS 파일 다운로드 페이지

B NOOBS 파일 내용물 복사

NOOBS 압축 파일 다운로드가 끝나면, 압축을 푼 뒤 폴더 내 NOOBS 파일 내용물을 마이크로 SD 카드로 복사합니다.

> **! 주의**
>
> NOOBS 압축 파일의 압축을 풀고 나서 생성되는 폴더 내 파일들을 직접 마이크로 SD 카드로 이동하여야 합니다.

C 라즈베리파이 보드에 마이크로 SD카드 삽입

내용물이 복사된 마이크로 SD카드를 라즈베리파이 보드에 삽입하여 구동시 NOOBS를 읽을 수 있도록 합니다. 보드 내 마이크로 SD카드를 삽입할 수 있는 부분은 라즈베리파이 보드 뒷면에 마이크로 SD 카드를 넣을 수 있는 장치가 있습니다. 마이크로 SD카드 삽입 시에는 반드시 회사로고 부분이 하늘을 향하고, 금색 핀 부분이 안쪽을 향하여야 합니다. 무리하게 잘못된 방향으로 삽입 시 마이크로 SD카드나 라즈베리파이 보드가 손상될 수 있습니다.

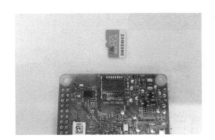

[그림 2-17] 마이크로 SD카드 삽입 방법

D 라즈비안 운영체제 설치

마이크로 SD카드가 라즈베리파이 보드에 정상적으로 삽입이 되었다면, 이제 라즈베리파이
보드에 모니터, 유/무선 마우스, 키보드를 연결하고 모니터 입력 설정이 HDMI로 되어있는
지 확인한 뒤 전원과 라즈베리파이 보드를 연결하여 구동을 시작합니다.

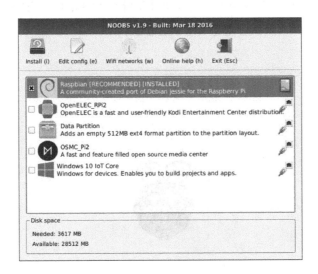

[그림 2-18] NOOBS를 이용한 운영체제 설치 선택 화면

라즈베리파이 보드가 구동되면 NOOBS 실행화면이 나오게 됩니다. 만약 라즈베리파이 보
드가 유선으로 인터넷에 연결되었으면, 라즈비안 운영체제 뿐 아니라 다른 종류의 운영체
제도 선택할 수 있는 항목이 나옵니다. 계속 진행하기 위해 Raspbian을 체크한 후 'Install'
버튼을 누르고, 그 이후 나타나는 메시지는 모두 'Yes'를 선택합니다.

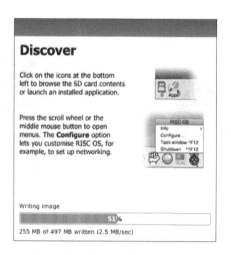

[그림 2-19] 운영체제 설치 진행화면

설치 과정이 모두 끝나면 설치 성공 메시지 상자가 나타나는데, 'OK' 버튼을 누르면 자동으로 재부팅이 진행되며 라즈비안 운영체제가 실행됩니다.

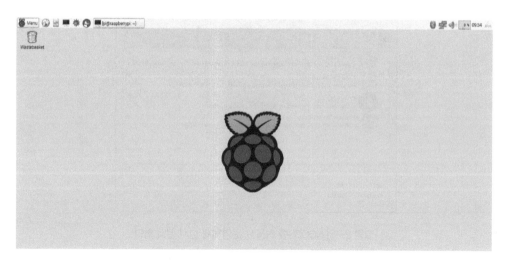

[그림 2-20] 라즈비안 운영체제 첫 실행화면

! 주의 무선 마우스와 무선 키보드 사용 시

NOOBS를 통한 라즈비안 설치 단계에선 Bluetooth로 연결되는 무선 마우스와 무선 키보드는 동작하지 않습니다. 단, 리시버(Receiver)가 함께 있는 무선 키보드와 마우스는 동작합니다.

(2) 라즈비안 운영체제 직접 설치

A 라즈비안 압축 파일 다운로드 하기

NOOBS를 이용하여 라즈비안 운영체제를 설치하는 방법도 있지만, 직접 운영체제 파일을 다운받아 설치할 수 있습니다. 직접 설치하기 위해서는 'Downloads' 페이지에서 Raspbian 을 선택하고 'Raspbian Jessie'의 압축파일을 다운받습니다.

[그림 2-21] 라즈비안 파일 다운로드

B 이미지 파일을 이용하여 라즈비안 운영체제 설치

라즈비안 운영체제 직접설치 방법은 NOOBS와는 다르게 이미지 파일(.img)을 'Win32-DiskImager[2]'라는 외부 프로그램을 이용하여 읽어들인 뒤 마이크로 SD카드에 직접 설치를 진행합니다. Win32DiskImager를 다운받은 뒤 실행하고 나서 보이는 폴더 모양의 아이콘 을 클릭합니다. 대화상자가 팝업 되면 다운로드 받은 'Raspbian Jessie'의 이미지 파일을 불 러옵니다. 파일을 정상적으로 읽으면, 'Read 버튼'과 'Write 버튼'이 활성화 됩니다. 라즈비 안 운영체제를 설치하기 위해서 'Write 버튼'을 누르면 마이크로 SD카드의 설치 경로 확인 메시지 창이 팝업됩니다. 경로가 정상적인지 확인한 뒤 'Yes'를 눌러 설치를 진행합니다.

[그림 2-22] Win32DiskImager 실행화면

---

2) https://sourceforge.net/projects/win32diskimager/

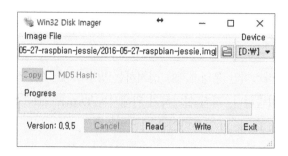

[그림 2-23] 이미지 파일을 불러온 후의 버튼 활성화 화면

C 마이크로 SD카드 라즈베리파이 보드에 삽입

이미지 파일을 통해 라즈비안 운영체제가 마이크로 SD카드에 설치되면 라즈베리파이 보드
에 마이크로 SD카드를 삽입하여 라즈베리파이 보드를 구동시킵니다.

단계 3 라즈비안 운영체제 환경설정

라즈비안 운영체제가 설치되었으면, 편리한 개발환경을 위해 몇 가지 초기설정을 하여야
합니다.

(1) 라즈비안 옵션 설정창 열기

라즈비안 운영체제가 실행되고 난 후 좌측 상단에 보이는 터미널 아이콘을 클릭하여 콘솔
창을 실행합니다.

[그림 2-24] 우측 상단에 있는 터미널 아이콘을 클릭합니다.

콘솔창이 실행되면 'sudo raspi-config'를 입력합니다.

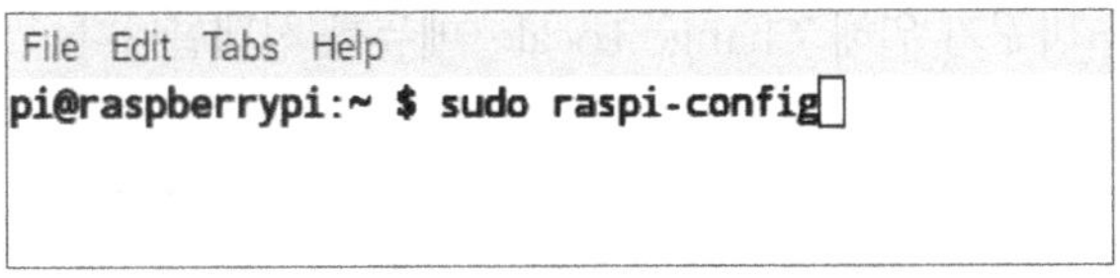

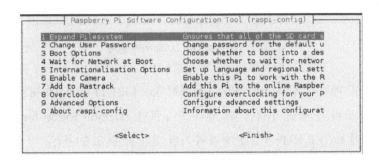

File Edit Tabs Help
pi@raspberrypi:~ $ sudo raspi-config

[그림 2-25] 설정창을 열기 위한 명령어

'raspi-config'를 입력하면 그림과 같은 파란색 바탕의 설정창이 실행됩니다.

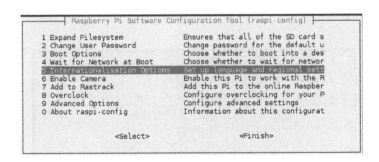

[그림 2-26] 'sudo raspi-config' 실행 후 모습

(2) 라즈비안 옵션 설정하기

'raspi-config'가 실행되면 본격적으로 초기 환경설정을 위한 첫 단계가 시작된 것입니다. 우선 한글 사용을 위해 언어설정을 바꾸기 위해 'raspi-config'의 메뉴 중 'Internationalisation Options' 메뉴를 선택합니다.

[그림 2-27] Internationalisation Options 항목

국가 및 언어 설정을 바꾸기 위해 'Change Locale' 메뉴를 선택합니다.

```
┌──────┤ Raspberry Pi Software Configuration Tool (raspi-config) ├──────┐
│   I1 Change Locale              Set up language and regional sett     │
│   I2 Change Timezone            Set up timezone to match your loc     │
│   I3 Change Keyboard Layout     Set the keyboard layout to match      │
│   I4 Change Wi-fi Country       Set the legal channels used in yo     │
│                                                                       │
│                                                                       │
│                                                                       │
│                                                                       │
│              <Select>                        <Back>                   │
└───────────────────────────────────────────────────────────────────────┘
```

[그림 2-28] Change Locale 메뉴 항목

'Change Local' 메뉴가 실행되면 국가 목록에서 'ko_KR.UTF-8 UTF-8'로 커서를 맞춘 뒤 '스페이스 바'를 눌러 선택한 후 '엔터'를 누르면, 'Default locale for the system environment'에 'ko_KR.UTF-8 UTF-8'가 추가된 것을 볼 수 있습니다.

```
┌─────────────────────┤ Configuring locales ├─────────────────────┐
│ Locales are a framework to switch between multiple languages and allow │
│ users to use their language, country, characters, collation order, etc.│
│                                                                        │
│ Please choose which locales to generate. UTF-8 locales should be chosen│
│ by default, particularly for new installations. Other character sets may│
│ be useful for backwards compatibility with older systems and software. │
│                                                                        │
│ Locales to be generated:                                               │
│                                                                        │
│    [ ] km_KH UTF-8                                                     │
│    [ ] kn_IN UTF-8                                                     │
│    [ ] ko_KR.EUC-KR EUC-KR                                            │
│    [*] ko_KR.UTF-8 UTF-8                                               │
│    [ ] kok_IN UTF-8                                                    │
│                                                                        │
│              <Ok>                        <Cancel>                      │
└────────────────────────────────────────────────────────────────────────┘
```

[그림 2-29] 국가별 항목

```
┌─────────────────────┤ Configuring locales ├─────────────────────┐
│ Many packages in Debian use locales to display text in the correct     │
│ language for the user. You can choose a default locale for the system  │
│ from the generated locales.                                            │
│                                                                        │
│ This will select the default language for the entire system. If this   │
│ system is a multi-user system where not all users are able to speak the│
│ default language, they will experience difficulties.                   │
│                                                                        │
│ Default locale for the system environment:                             │
│                                                                        │
│                     None                                               │
│                     C.UTF-8                                            │
│                     en_GB.UTF-8                                        │
│                     ko_KR.UTF-8                                        │
│                                                                        │
│              <Ok>                        <Cancel>                      │
└────────────────────────────────────────────────────────────────────────┘
```

[그림 2-30] 목록에 ko_KR.UTF-8이 추가된 모습

이번에는 시스템 시간을 바꾸기 위해 Time zone을 바꿀 것입니다. 마찬가지로 'Internationalisation Options' 메뉴로 이동하여 'Change Timezone'을 선택합니다.

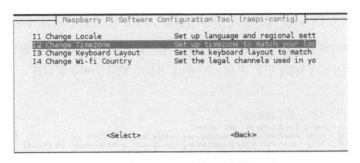

[그림 2-31] Change Timezone 메뉴 항목

'Change Timezone'으로 진입하면 지역을 선택할 수 있는 메뉴가 나타납니다. 'Geographic area'의 목록 중 'Asia'→'Seoul' 순으로 엔터로 선택하면 서울의 시간대로 설정이 됩니다.

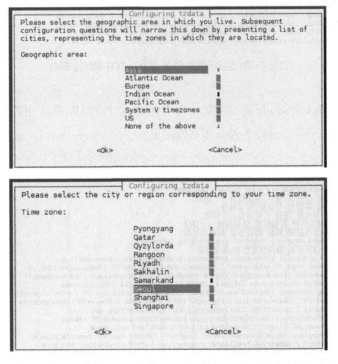

[그림 2-32] Asia → Seoul 순으로 Time zone을 선택한다

기본 설정이 끝나면 라즈비안 운영체제를 재시작하여야 합니다. 재시작 방법은 좌측 상단 'Menu' 버튼을 누른 후 'Shutdown' → 'Reboot' 순으로 진행하면 재부팅이 됩니다. 재시작 이 되면 글자가 깨져있는 것을 볼 수 있는데, 이는 한글 설정은 되었으나 한글 폰트가 없어 일어나는 현상입니다. 이를 해결하기 위해 일련의 과정이 필요한데, 먼저 'Terminal'을 실행 하여 'sudo apt-get udpate'를 입력합니다. 이 과정을 진행하기 위해서는 반드시 라즈베리 파이 보드가 LAN이나 WiFi 등을 통해 인터넷에 연결이 되어있어야 합니다.

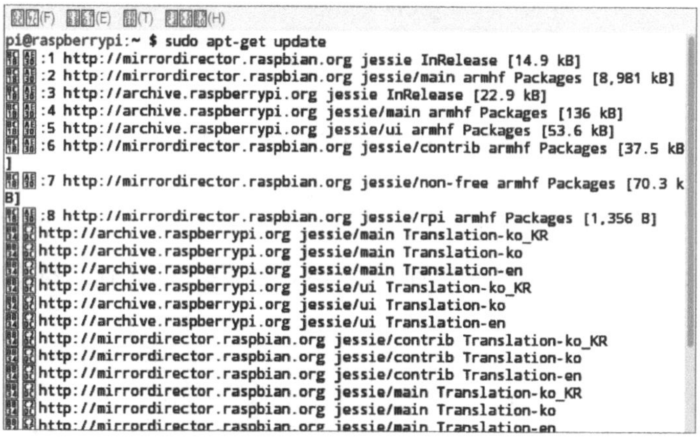

[그림 2-33] 한글폰트가 없어 글자가 깨져 보이는 모습

이어 'sudo apt-get upgrade'를 입력합니다. 진행 도중 [Y/N]로 설치 여부를 물어보는 과 정이 나타나는데 'Y'를 입력하여 계속 진행합니다.

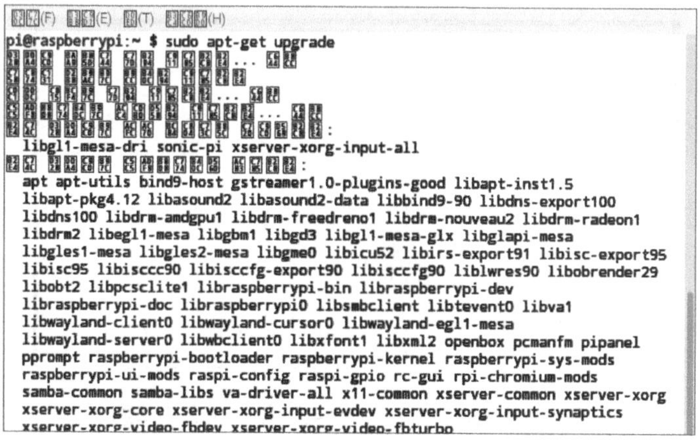

[그림 2-34] 'Y'를 입력하여 설치 계속

세 번째로 진행할 과정은 한글폰트 설치입니다. 'sudo apt-get install ttf-unfonts-core ibus ibus-hangul'을 입력하여 과정을 진행합니다. 이 과정 또한 설치 여부를 물어봄으로 [Y/N] 메시지가 나타나면 'Y'를 입력하여 계속 진행합니다.

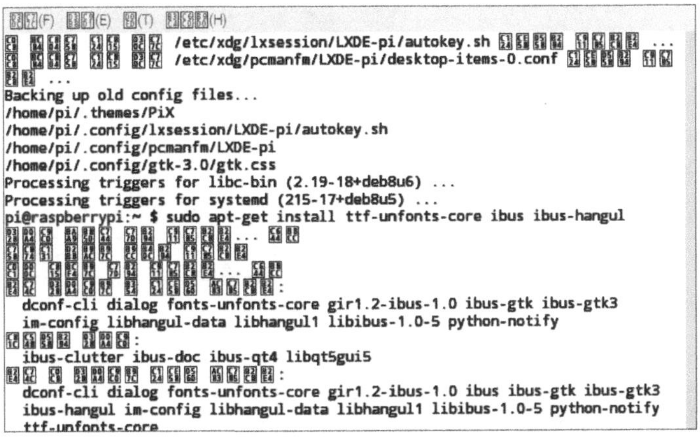

[그림 2-35] 문자가 깨지는 문제를 해결하기 위해 한글폰트 설치

마지막으로 펌웨어 업데이트를 위해 'sudo rpi-update'를 입력합니다. 업데이트가 끝나면 'sudo reboot'을 입력하거나 'Menu'→'Shutdown'→'Reboot'을 통해 재부팅을 합니다.

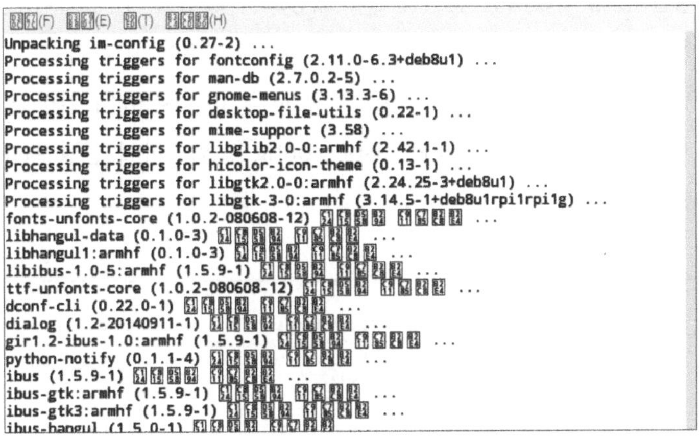

[그림 2-36] 펌웨어 업데이트를 위한 명령어

재부팅이 완료되면, 메뉴 항목이 한글화가 된 것을 볼 수 있습니다.

[그림 2-37] 한글화가 완료된 메뉴항목들

키보드로 한글 입력하는 방법

패널 우측 상단에 US로 되어있는 아이콘을 클릭하면 영어 입력방법과 한국어 입력 방법이 나옵니다. 한국어 입력방법을 선택 후 한/영 전환은 쉬프트(shift) + 스페이스 바(space bar)를 눌러 전환할 수 있습니다.

▪ 영상/음향 및 기타설정

영상/음향 설정을 통해 라즈비안 운영체제의 해상도를 조절할 수 있습니다. 이 설정 또한 'raspi-config'에서 수정이 가능합니다. 초기화면은 모니터에 따라 가득 찬 화면이 아닐 수 있기 때문에 이를 해결하기 위해서 'raspi-config'의 'Overscan'의 설정을 변경해야 합니다. 설정을 위해 'Terminal'에서 'sudo raspi-config'를 입력하여 설정 메뉴로 진입하여 'Advanced Options'로 이동합니다.

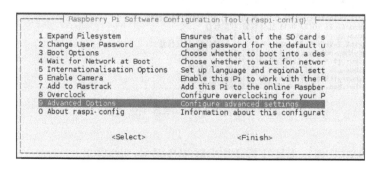

[그림 2-38] Advanced Options 메뉴 항목

'Overscan' 메뉴로 이동하여 설정을 〈아니오〉로 설정합니다.

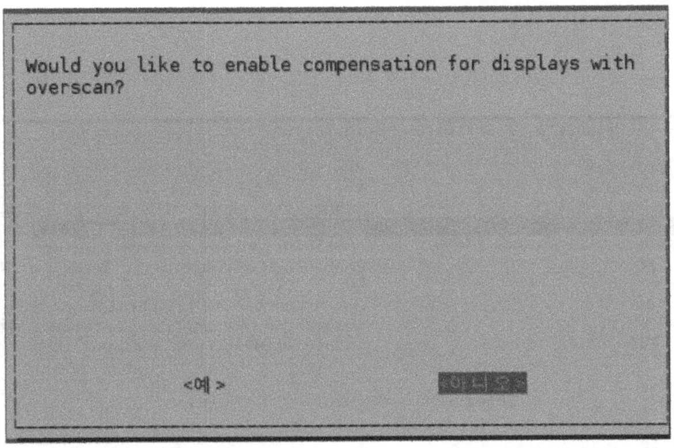

Would you like to enable compensation for displays with overscan?

<예 >   〈아니오〉

[그림 2-39] Advanced Options의 Overscan 설정을 〈아니오〉로 설정

이어 오디오 설정을 위해 'Advanced Options'에서 'Audio' 항목을 선택합니다. 선택 후 나타나는 3가지 항목(Auto, Force 3.5mm jack, Force HDMI)에서 'Force HDMI'를 선택합니다.

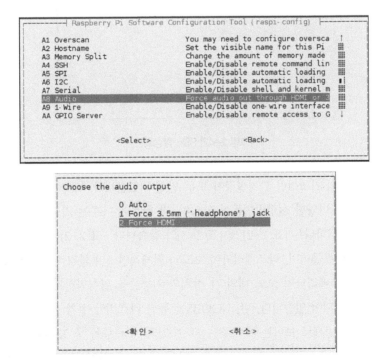

[그림 2-40] 음향 출력 방법 설정

마지막으로 원격으로 라즈비안 운영체제에 접속하기 위하여 SSH(Secure SHell) 기능을 활성화 하겠습니다. 'Advanced Options'으로 이동하여 'SSH' 항목을 선택한 뒤 〈예〉를 선택하면 SSH 기능이 활성화 됩니다.

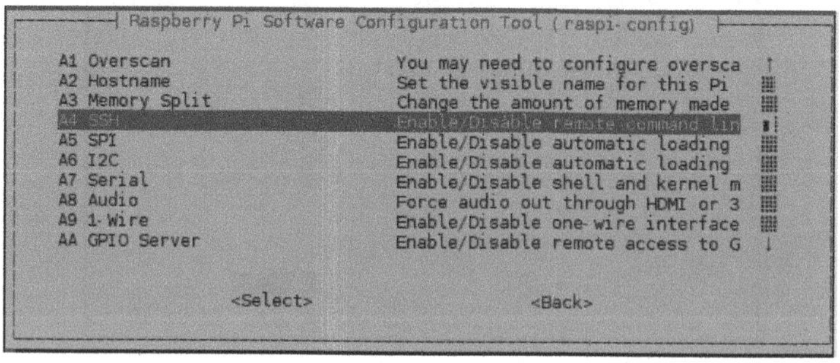

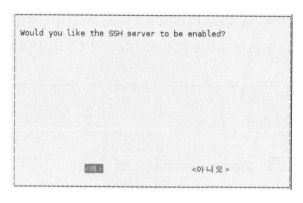

[그림 2-41] SSH 메뉴 항목

[그림 2-42] SSH 활성화

이것으로 라즈비안의 기초적인 환경설정이 모두 완성 되었습니다. 'raspi-config'에는 위에 언급된 설정 외에도 다양한 설정방법들이 있으며, 각 항목이 다루는 기능은 'raspi-config'의 가장 첫 번째로 나타나는 [표 2-2] 및 [표 2-3]와 같습니다. [표 2-2]는 'raspi-config'를 실행하면 보이는 메뉴들이며, 라즈베리파이 보드의 전체적인 실행환경을 설정할 수 있습니다. [표 2-3]은 라즈베리파이 보드 내의 각 장치의 기능들을 활성화하거나 비활성화할 수 있는 메뉴들로 구성되어 있습니다. 단, NOOBS를 통한 라즈비안 설치 사용자들은 'raspi-config' 실행 시 첫 번째로 보이는 메뉴들인 [표 2-2]의 메뉴 항목 중 'Expand FileSystem'은 작동이 되지 않는데, 이는 NOOBS가 라즈비안 운영체제를 설치하면서 자동으로 용량을 감지하여 늘려주는 작업을 해 주기 때문입니다.

[표 2-2] raspi-config 메뉴 설명

메뉴	설명
Expand FileSystem	루트 파일 시스템 용량 확장
Change User Password	패스워드 설정
Boot Options	부팅 모드 설정
Wait for Network at Boot	부팅 시 네트워크 연결 설정
Internationalisation Options	언어, 지역, 시간, 키보드 등의 환경 설정
Enable Camera	파이 카메라 슬롯 활성화
Add to Rastrack	Rastrack 사이트 등록
Overclock	오버클럭 설정
Advanced Options	기타 고급 옵션
About raspi-config	raspi-config에 대한 설명

[표 2-3] Advanced Options 메뉴 설명

메뉴	설명
Overscan	오버스캔 설정
Hostname	호스트 이름 설정
Memory Split	GPU 할당 메모리 설정
SSH	SSH 서버 활성화 설정
Device Tree	커널★ Device Tree 활성화 설정
SPI	커널 SPI(Serial Peripheral Interface) 드라이버 활성화 설정
I2C★	커널 I2C(Inter-Integrated Circuit) 드라이버 활성화 설정
Serial	직렬 연결에서 셸 및 커널 메시지 허용 설정
Audio	오디오 출석 방법 설정
Update	프로그램 업데이트

용어 해설
- 커널(Kernel) : 시스템에 존재하는 자원과 기본적인 장치들을 관리하는 소프트웨어
- I2C(Inter-Integrated Circuit): 필립스사에서 개발한 시리얼 인터페이스. SLC(Serial Clock: 직렬 클럭)과 SDA(Serial Data:직렬 데이터)를 이용하여 2개의 선으로 통신하므로 'Two-Wire Circuit'라고도 불립니다. 통신 속도는 빠른 편이 아니지만, 2개의 선을 사용하므로 간단한 회로 구성을 할 수 있다는 것이 장점입니다.

리눅스와 라즈비안

◎ **학습목표**

- 리눅스 운영체제와 명령어 사용법을 배운다.
- 라즈비안 환경에 친숙해 진다.

라즈비안의 운영체제의 뼈대는 리눅스(Linux)로 되어있습니다. 리눅스란 대표적인 컴퓨터 운영체제 중 하나이며, 오픈소스 소프트웨어입니다. 하지만 Microsoft사의 Windows나 Apple사의 OS X 등의 운영체제보다 일반인에게 덜 알려져 있습니다. 특히 원래의 리눅스는 Windows나 OS X와 같이 그래픽 사용자 인터페이스 (GUI; Graphic User Interface) 기반이 아닌 쉘(Shell) 이라는 텍스트 환경 기반으로 되어있어 많은 명령어를 외워야하는 불편함이 있었습니다. 하지만 라즈베리파이는 라즈비안의 LXDE(Lightweight X11 Desktop Environment) 환경을 통해 좀 더 빠르고 쉽게 리눅스 환경을 익힐 수 있습니다. 이 장에서는 우선 라즈비안 운영체제에 대해서 살펴보고 익숙해진 뒤 Shell을 직접 사용하며 리눅스 환경에 완벽히 적응할 수 있는 훈련을 할 것입니다. 리눅스 환경에 익숙해지면, 본격적으로 스크래치와 파이썬으로 프로그래밍하여 라즈베리파이 보드를 이용한 다양한 프로젝트를 수행할 수 있는 실력을 기르도록 하겠습니다.

3.1 라즈비안에 익숙해지기

초기 기초설정이 끝난 라즈비안 운영체제에 어떠한 기능이 있는지 알아보겠습니다. 라즈비안 운영체제의 데스크톱 환경은 LXDE라는 환경인데, 저성능 컴퓨터나 노트북 등에 원활하게 동작할 수 있도록 설계된 프리 오픈소스 데스크톱 환경입니다. LXDE 환경 덕분에 일반 데스크톱 컴퓨터보다 성능이 낮은 라즈베리파이 보드에서도 Windows와 유사한 환경을 제공받을 수 있고, 리눅스 환경에 좀 더 쉽게 다가갈 수 있습니다. 라즈비안 운영체제의 초기화면은 Windows와 유사하게 작업표시줄과 바탕화면이 존재하고, 'Menu'를 누르면 기본적으로 설치되어 있는 프로그램들을 볼 수 있습니다. 여기서 기본 프로그램들은 어떤 것들이 있고 어떤 기능들을 하는지에 대해서 알아보겠습니다.

기본적으로 설치되어 있는 항목들과 프로그램들

(1) 개발도구

- **BlueJ Java IDE**

  호주의 Monash 대학과 Southern Denmark 대학의 BlueJ팀이 개발한 이 IDE(Integrated Development Environment)는 주로 Java 수업이나 초보자들이 Java 개발 시에 편리한 환경을 제공하는 개발도구입니다.

- **Greenfoot Java IDE**

  영국의 Kent 대학이 개발한 Java기반의 IDE입니다. BlueJ와 마찬가지로 Java 수업이나 초보자들을 위하여 만들어졌고, 애니메이션이나 게임을 만들 수 있도록 다양한 기능들을 제공하는 개발도구입니다.

- **Mathematica**

  주로 과학이나 공학 등에서 널리 사용하는 계산용 소프트웨어입니다. 각종 수치와 기호 계산 함수들이 존재하고 이를 시각화하는 기능 등이 있습니다.

- **Node-RED**

  초보자도 쉽게 IoT의 하드웨어 장치, API들 그리고 온라인 서비스를 모두 포함한 배선상 태를 시각화해줄 수 있는 개발도구입니다.

- **Python 2(IDLE) | Python 3(IDLE)**

  파이썬 2.X, 3.X 버전을 컴파일할 수 있는 개발도구입니다.

- **스크래치(Scratch)**

  스크래치는 프로그래밍을 처음 접하는 사람들도 자신만의 소프트웨어를 쉽게 작성할 수 있도록 해 주는 이상적인 개발도구입니다. 프로그래밍을 하는 동안 스크래치 사용자는 코드를 쓰는 대신 다양한 명령 박스를 레고블록 조립하듯 이어 붙여 복잡한 프로그램을 만들 수 있습니다.

- **Sonic Pi**

  Sonic Pi는 코드를 이용하여 작곡을 할 수 있는 무료 작곡 프로그램입니다. 단, Sonic Pi 전용 언어를 사용하기 때문에 다른 언어 프로젝트에 사용할 수는 없습니다.

- Wolfram

  Wolfram Research사에서 만든 지식 기반 프로그래밍 언어이며 Mathematica의 인터페이스 언어이기도 합니다. 5,000여개의 내장 함수가 통합되어있어, 쉽게 구현할 수 있도록 도와줍니다.

- 지니

  지니는 GTK2 runtime library를 사용하는 작고 가벼운 IDE입니다. 다른 패키지들에 대한 의존성이 적고, 사용자 편의를 위한 다양한 기능들은 다음과 같습니다.

  - 문법 오류 하이라이트
  - 코드 그룹화
  - 기호 이름 자동완성
  - Construct completion/snippets 기능 지원
  - XML, HTML 클로징 태그 자동완성
  - 팁 보여주기
  - C, Java, PHP, HTML, Python, Perl, Pascal 등 다양한 언어의 파일 지원
  - 시스템 빌드 지원
  - 쉬운 프로젝트 관리
  - 플러그인 인터페이스 지원

(2) 오피스

Libre Office는 무료 오픈소스 오피스 프로그램입니다. 문서 편집, 발표 자료 제작, 데이터베이스 관리, 스프레드시트를 이용한 계산 등의 사무 작업에 필요한 모든 프로그램이 설치되어 있습니다.

- LibreOffice Base

  LibreOffice의 데이터베이스 관리를 위한 프로그램입니다. 복잡하지 않고 이해하기 쉬운 간단한 데이터베이스를 구축하는데 이상적인 HyperSQL(HSQL) 관계형 데이터베이스 엔진입니다.

- LibreOffice Calc

  MS Office의 Excel과 비슷한 프로그램으로 스프레드시트를 이용한 문서작업을 할 때 사용되는 프로그램입니다. 직관적인 화면으로 초보자들이 쉽게 사용할 수 있고, 좀 더 복잡

한 기능을 원하는 사용자들을 위하여 고급 기능도 존재합니다. 또한 LibreOffice 서식 저장소에서 다양한 서식들을 지원하여 빠른 편집이 가능하도록 합니다.

- **LibreOffice Draw**

  페이지 최대 크기 300cm×300cm까지의 다양한 그래픽 문서들(스케치, 다양한 도형 그리기, 다이어그램 생성 등)을 만들 수 있는 프로그램입니다.

- **LibreOffice Impress**

  MS Office의 PowerPoint와 비슷한 프로그램으로 다양하게 제공되는 멀티미디어로 자신만의 발표 자료를 만들 때 사용되는 프로그램입니다.

- **LibreOffice Math**

  각종 문서에 들어갈 수식을 만들어주는 수식 편집기입니다. 수식을 생성할 때 분수, 지수, 적분, 수학 함수, 부등식, 방정식 시스템, 매트릭스 등을 사용할 수 있습니다.

- **LibreOffice Writer**

  MS Office의 Word와 비슷한 프로그램으로 일반적인 문서작업이나 컴퓨터를 이용한 출판 작업을 할 때 사용되는 프로그램입니다. 초보자들도 사용하기 쉽게 직관적인 화면을 제공합니다.

(3) 인터넷

인터넷 항목에서는 메일을 받을 수 있는 웹 메일 클라이언트 프로그램과 웹 브라우저 프로그램이 설치되어 있습니다.

- **Claws Mail**

  라즈비안 운영체제에 기본적으로 설치되어있는 웹 메일 클라이언트 프로그램입니다. 첫 실행 후 설정 마법사를 통해 몇 가지 정보를 입력하면, 브라우저를 통해 메일을 확인하지 않더라도 바로 프로그램 통해 웹 메일을 볼 수 있습니다.

- **라즈베리파이 Resources**

  라즈베리파이 재단 홈페이지 Education-Resources 페이지로 이동합니다.

- **The MagPi**

  라즈베리파이 재단 홈페이지에 게시되어있는 공식 라즈베리파이 잡지 페이지로 이동합니다.

- 에피퍼니 웹 브라우저

라즈비안에 기본적으로 설치되어있는 웹 브라우저입니다. Google Chrome이나 Internet Explorer 등 다른 웹 브라우저들과 같이 인터넷 서핑을 할 수 있지만, 실행 속도가 느린 편입니다.

다른 웹 브라우저 설치하기

위에 언급했던 것처럼 에피퍼니 웹 브라우저는 기본으로 설치되어있는 웹 브라우저 이지만, 실행 속도가 느려 웹 서핑을 원활히 하는 것에 무리가 있습니다. 이를 해결하기 위해서는 다른 웹 브라우저를 설치하여야 하는데, 아래와 같은 과정을 통하여 설치할 수 있습니다.

1. Terminal 실행
2. 라즈베리파이 보드의 인터넷 연결상태 확인
3. sudo apt-get install iceweasel 입력
4. 설치 진행 여부에서 'Y'를 입력하여 설치 계속 진행
5. 'Menu' → '인터넷' → 'Iceweassel' 또는 'Firefox ESR' 실행

(4) 게임

- Minecraft Pi

샌드박스 · 오픈월드 장르로 유명한 마인크래프트 게임입니다. 라즈비안 운영체제에 기본으로 설치되어 있으며 여러가지 프로그래밍 언어를 지원하기에 게임을 즐기며 자연스럽게 프로그래밍 언어를 익힐 수 있도록 설계되었습니다.

- Python Games

파이썬으로 제작된 여러 게임들(Flippy, Fourinarow, Gemgem, Inkspill, Memory-puzzle, Pentomino, Simulate, Slidepuzzle, Squirrel, Starpusher 등)이 있습니다. 각 게임의 소스코드는 라즈비안 운영체제 안에 존재하며 경로는 '/home/pi/python_games'에 존재합니다. 소스코드를 보려면 Python IDLE를 이용하여 열어볼 수 있습니다.

(5) 보조 프로그램

라즈비안 운영체제를 사용하면서 부가적으로 도움을 줄 수 있는 프로그램들이 설치되어 있습니다.

- Archiver

  GTK2 기반의 가벼운 압축 프로그램입니다.

- Calculator

  GTK+ 기반의 계산기 프로그램입니다.

- File Manager

  Windows의 파일 탐색기와 비슷한 LibFM 기반의 파일 관리 프로그램입니다.

- PDF Viewer

  PDF 파일을 보기 위한 뷰어 프로그램입니다.

- SD Card Copier

  SD카드의 내용물을 복사하기 위한 프로그램입니다.

- Task Manager

  Windows의 작업관리자와 같은 보조 프로그램입니다. 사용 중인 프로세스를 강제로 종료시키거나 현재 CPU의 사용량과 메모리 사용량을 표시합니다.

- Terminal

  윈도우즈의 cmd.exe 와 비슷한 프로그램이고, Shell과 직접 작업할 수 있도록 사용자에게 인터페이스를 제공하는 프로그램입니다.

- Text Editor

  Windows의 메모장과 비슷한 프로그램입니다. 간단한 텍스트를 편집할 수 있습니다.

- 그림 보기

  라즈비안에 기본적으로 설치되어있는 이미지 뷰어입니다.

(6) Help

라즈비안 운영체제의 개요와 사용법이 기술되어 있는 문서들을 다룹니다.

- Debian Reference

  라즈비안의 뼈대인 Debian 참조 페이지로 이동합니다. 해당 페이지에는 Debian의 자세한 내용이 들어 있습니다.

- 라즈베리파이 Help

  라즈베리파이 재단 홈페이지의 Help 페이지로 이동합니다. 해당 페이지에는 라즈베리파이에 대한 하드웨어 가이드, 소프트웨어 가이드, 애드온 가이드 등의 다양한 문서가 존재합니다.

(7) 기본 설정

라즈비안 운영체제의 소프트웨어를 관리하거나, 바탕화면 등의 기초설정을 바꿀 수 있는 프로그램들이 설치되어 있습니다.

- Add / Remove Software

  라즈비안 운영체제에 설치되어 있는 소프트웨어들을 설치 및 제거 등의 관리를 담당합니다. 또한 현재 설치되어 있는 소프트웨어를 업데이트 해 주는 기능도 있습니다.

- Appearance Settings

  라즈비안 운영체제의 시각적인 설정을 변경할 수 있습니다 ([그림 3–1]). 각 항목의 설정 내용은 다음과 같습니다.

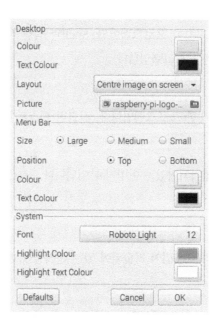

[그림 3–1] Appearance Setting 실행 화면

《Desktop》

- Colour : 바탕화면의 색상을 변경합니다.
- Text Colour : 바탕화면 아이콘의 글자색상을 변경합니다. 메뉴바의 글자 색상은 바뀌지 않습니다.
- Layout : 바탕화면 사진의 구성을 변경합니다.
- No image : 바탕화면 사진을 없앱니다.
  - Centre image on screen : 바탕화면 사진을 정중앙에 배치합니다.
  - Fit image onto screen : 화면크기에 맞춰 사진 비율을 늘립니다.
  - Fill screen with image : 화면에 사진을 꽉 채워 넣습니다.
  - Stretch to cover screen : 사진 비율을 무시하고 화면크기에 맞춥니다.
  - Tile image : 사진을 타일배치로 넣습니다.
  - Picture : 바탕화면에 들어갈 사진을 지정합니다.

《Menu Bar》

- Size : 메뉴바의 크기를 지정합니다.
- Position : 메뉴바의 위치를 지정합니다.
- Colour : 메뉴바의 색상을 지정합니다.
- Text Colour : 메뉴바의 글자 색상을 변경합니다.

《System》

- Font : 시스템 글꼴을 변경합니다.
- Highlight Colour : 커서 및 활성화된 창의 하이라이트 색상을 바꿉니다.
- Highlight Text Colour : 커서 및 활성화된 창의 하이라이트 글자 색상을 바꿉니다.

[Audio Device Settings]

- Select Controls : 오디오 장치를 선택합니다.
- Make Default : 기본 설정값으로 되돌립니다.

[IBus 환경 설정]

IBus(Intelligent Input Bus)는 유닉스(Unix) 계열 운영체제에서 다국어 입력을 위하여 사용되는 입력기입니다.

- Main Menu Editor : Main Menu의 항목을 편집할 수 있습니다.
- 라즈베리파이 Configuration : 라즈비안 내 설정을 바꿀 수 있습니다.

《System 탭》

- Filesystem : 마이크로 SD 카드 내에 잡히지 않은 모든 용량들을 사용 가능하게 합니다.
- Password : 라즈비안 접속 비밀번호를 설정합니다. 기본값은 'raspberry'입니다.
- Hostname : 로컬 네트워크 상에서의 호스트의 이름을 설정합니다.

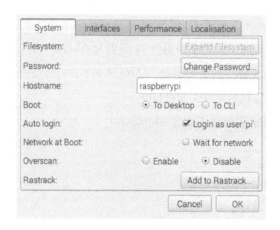

[그림 3–2] System 탭 화면

- Boot
  - To Desktop : 시작 UI(User Interface)의 환경을 GUI로 설정합니다.
  - To CLI(Command Line Interface) : 시작 UI의 환경을 CLI로 설정합니다.
- Auto login : 부팅 후 자동으로 운영체제로의 로그인할 것인지 아니면 직접 사용자의 ID 와 비밀번호를 입력하여 로그인할 것인지 설정합니다.
- Network at Boot : 부팅 시 네트워크를 활성화할 것인지 아닌지 설정합니다.
- Overscan : Overscan을 활성화 할 것인지 아닌지 설정합니다. Overscan이란 브라운관 TV나 모니터에서 화면의 특정영역이 잘리는 것을 말합니다.
- Rastrack : Rastrack을 활성화 할 것인지 아닌지 설정합니다. Rastrack 기능은 'http:// www.rastrack.co.uk' 홈페이지 내에서 라즈베리파이를 이용하고 있는 사용자들의 위치 를 지도를 통해 볼 수 있고 자신 또한 'Add to Rastrack' 버튼을 통해 등록을 할 수 있습 니다. 등록을 위하여 이메일 인증을 반드시 하여야 합니다.

《Interfaces 탭》

- Camera : 카메라 인터페이스를 활성화합니다. 이 항목을 활성화하면 라즈베리파이 보드에 CSI 카메라를 장착하여 사용할 수 있습니다.
- SSH : SSH 기능을 활성화합니다. 이 기능을 활성화함으로써, 원격 제어를 할 수 있게 됩니다.

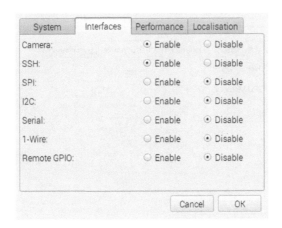

[그림 3-3] Interface 탭 화면

- SPI(Serial Peripheral Interface) : SPI 기능을 활성화합니다. 이 기능을 활성화함으로써 다른 종류의 컴퓨터나 센서 등과 통신을 할 수 있게 됩니다.
- I2C : I2C 기능을 활성화합니다. SPI와 비슷하게 다른 종류의 컴퓨터나 센서 등을 통신할 수 있지만, SCL(Serial Clock)과 SDA(Serial Data) 2 개만으로 통신을 하게 됩니다.
- Serial : 활성화하면 직렬 연결이 된 상태에서 쉘과 커널의 메시지를 볼 수 있습니다.
- 1-Wire: 1-Wire 기능을 활성화합니다. 이 기능을 활성화함으로써 1-Wire 통신 방식을 사용하는 장치와 통신을 할 수 있습니다. 1-Wire 통신 방식이란 하나의 신호로 양방향 통신을 하는 방식입니다. 1-Wire 통신 방식의 장치에는 디지털 온도계, 습도계 등 날씨 관련 장치들이 있습니다.
- Remote GPIO : Remote GPIO 기능을 활성화합니다. 이 기능을 활성화하면 원격으로 라즈베리파이 보드의 GPIO를 제어할 수 있습니다.

《Performance 탭》

- Overclock : Overclock이란 컴퓨터 부품이 원래 설계된 것보다 강제로 클럭 수치를 올려줌으로써 성능을 높이기 위한 설정이지만, 부품의 전압을 강제로 설정하는 과정이 있어 전문적인 컴퓨터 지식이 필요합니다. 라즈비안에서는 오버클럭 설정을 좀 더 쉽게 도와주고자 미리 정해진 방식의 오버클럭을 제공하지만, 라즈베리파이 3 모델 B에서는 아직 오버클럭 방식을 제공하지 않고 있습니다.

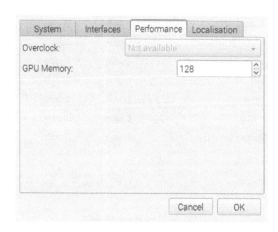

[그림 3-4] Performance 탭 화면

- GPU Memory : GPU가 사용하는 메모리의 양을 정합니다. 기본으로 128MB가 정해져있으나, 라즈베리파이 3 모델 B의 최대 메모리 용량인 1024MB까지 설정합니다. GPU 메모리양을 1024MB까지 설정하면 최대 944MB까지 내부적으로 메모리양을 정합니다.

《Localisation 탭》

- Locale : 언어와 지역 정보를 설정합니다. Set Locale 버튼을 눌러 설정을 진행할 수 있습니다.
  - Language : 시스템 언어를 설정합니다. 라즈비안 초기설정을 정상적으로 마쳤다면, 'ko(Korean)'으로 설정되어있습니다.
  - Country : 국가를 설정합니다. Country 항목 역시 초기설정이 정상적으로 마쳐졌다면 'KR(Republic of Korea)'로 설정되어있습니다.
  - Character Set : 문자 집합을 설정합니다. 초기설정을 통해 기본으로 'UTF-8'이 설정되어있습니다.

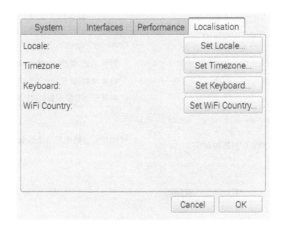

[그림 3-5] Localisation 탭 화면

- Timezone : 표준시간대를 설정합니다. 'Set Timezone' 버튼을 통해 설정할 수 있고 초기설정을 통해 기본으로 Area는 'Asia'로 Location은 'Seoul'로 설정되어있습니다.
- Keyboard : 키보드 레이아웃을 설정할 수 있습니다.
- WiFi Country : 라즈베리파이 3 모델 B의 내장 WiFi 국가 설정을 할 수 있습니다. 현재 WiFi 국가를 'KR Korea(South)'로 설정하면 내장 WiFi가 작동되지 않는 문제가 있습니다.
- 입력기 : 사용할 영어나 한글 입력기를 설정합니다.
- 키보드와 마우스

《마우스 탭》

• Motion
- 가속 : 마우스 커서의 이동 속도를 높이거나 줄입니다.
- 민감도 : 마우스의 반응 속도를 낮추거나 높입니다.
• Double click : 더블클릭 속도 간격을 높이거나 줄입니다.

《키보드 탭》

• Character Repeat
- 반복 지연 : 문자가 반복적으로 입력되는 '시간'을 짧거나 길게 합니다.
- 반복 주기 : 문자가 반복적으로 입력되는 '주기'를 짧거나 길게 합니다.

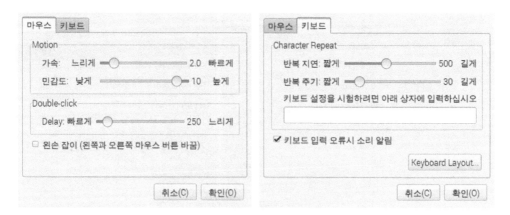

[그림 3-6] 키보드와 마우스 설정 화면

3.2 리눅스 쉘에 익숙해지기

이 절에서는 Terminal을 실행시켜 리눅스 쉘을 조작하고 익숙해지는 과정을 다루겠습니다. 리눅스 쉘을 사용하는 이유는 GUI로 원하는 명령을 제어하는 것보다 리눅스 쉘을 이용하여 명령을 내리는 것이 좀 더 세밀하고 빠르기 때문입니다.

리눅스 쉘 프롬프트 이해하기

리눅스 쉘을 사용하기 위하여 라즈비안의 Terminal을 실행합니다. 실행 후 가장 먼저 보이는 글자는 'pi@raspberrypi: ~ $'입니다. 이 글자가 의미하는 것은 다음과 같습니다.

- pi : 현재 쉘에 로그인한 사용자의 계정 이름입니다. 이 장을 진행하며 다른 이름의 사용자를 만드는 법도 배울 것입니다.
- raspberrypi : 현재 장치의 호스트 이름입니다. 이 이름은 다른 장치에서 현재 장치를 나타낼 때 보여지는 이름입니다.
- ~ : 로그인한 사용자의 홈 디렉토리를 나타냅니다. 기본으로 설정되어있는 경로는 '/home/pi'입니다.
- $: 현재 사용자의 사용권한을 나타냅니다. $는 일반 사용자를 의미하며 #은 시스템 관리자를 의미합니다.

쉘을 이용하여 리눅스 시스템 다루기

이번에는 쉘의 다양한 명령어를 이용하여 시스템을 탐색하고 제어하는 법을 배우겠습니다.

3.2.1 리눅스 시스템 탐색 명령어

(1) 리눅스 파일 시스템 구조

먼저 리눅스의 파일 시스템이 어떤 구조로 되어있는지 알아보겠습니다. 리눅스의 파일 시스템은 파일과 디렉토리들이 계층적으로 구성되어있는 계층 구조입니다. Microsoft 사의 DOS와 유사하지만 여러 파티션으로 나누어 다수의 루트를 가지는 MS-DOS와는 다르게 리눅스 파일 시스템은 오로지 하나의 루트('/')만 가지는 것이 차이점입니다. [그림 3-7]은 라즈비안의 디렉토리 경로를 나타냅니다.

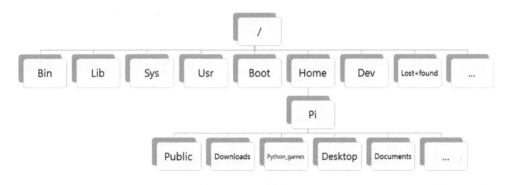

[그림 3-7] 라즈비안 디렉토리 구조

라즈비안의 루트('/') 아래 Bin, Lib, Sys 등 디렉토리들 안에 어떤 파일들이 있는지 요약하면 다음과 같습니다.

- Bin: Binaries의 약자로서, Bin 디렉토리에는 쉘에서 앞으로 배울 명령어로 수행되는 작은 프로그램들이 들어있습니다.
- Lib: Library의 약자로서, Lib 디렉토리에는 커널이 필요로 하는 각종 커널 모듈파일들과 소프트웨어 개발과 프로그램에 필요한 라이브러리들이 들어있습니다. 라이브러리란 다른 프로그램들과 연결되기 위한 하나 이상의 함수들과 서브루틴이 모여 저장되어있는 파일들의 모음을 말합니다.

- Media: 라즈비안에 USB나 분리가 가능한 외부 저장 매체를 연결하였을 때, 자동적으로 인식한 뒤 해당 매체의 내용물을 이 폴더에 저장합니다.
- Opt: Option의 약자로서, 리눅스 시스템에선 기본적으로 설치되어 있지 않은 프로그램들이 추가적으로 설치될 때 사용되는 폴더이지만, 라즈비안에서는 이 경로가 '/usr/bin'으로 설정되어있습니다.
- Root: Root 디렉토리는 일반 사용자의 계정 권한으로는 접근할 수 없는 슈퍼 유저의 홈 디렉토리입니다 (프롬프트 상에서 '$'으로 표기). 사용자의 실수로 시스템을 손상시킬 수도 있기에 라즈비안에서는 수퍼유저(모든 제어를 실행할 수 있는 권한을 가진 계정)의 직접적인 사용 대신 일반 사용자의 계정으로 'sudo' 명령어를 통해 실행하는 것을 권장합니다.
- Sbin: Standalone Binary File의 약자로서, 이 디렉토리에는 시스템 관리자를 위한 프로그램들이 포함되어있고, 대부분 슈퍼 유저가 사용하는 명령어 프로그램(halt, reboot, fdisk, mkfs 등)이 존재합니다.
- Sys: System의 약자로서, 해당 디렉토리에는 운영체제를 위한 시스템 파일이 들어있습니다.
- Usr : User의 약자로서, 일반 사용자가 접근 가능한 모든 프로그램과 파일을 저장하기 위하여 사용되는 디렉토리입니다.
- Boot: 라즈비안이 부팅되기 위한 커널과 각종 설정 정보가 저장되어 있는 파일을 포함하고 있습니다. Boot 디렉토리 내 'config.txt'를 변경하여 라즈비안 내 설정을 변경할 수 있습니다.
- Dev: Device의 약자로서, 운영체제에서 인식한 모든 장치들(하드디스크, 마우스, 키보드 등)이 파일 형태로 존재해서 이 디렉토리에 저장이 됩니다.
- Home: 기본으로 정해져있는 일반 사용자 디렉토리입니다. '/Home/계정명'의 하위에 해당 계정의 프로그램들이 저장되어있습니다.
- Lost+found: 컴퓨터의 전원공급이 갑자기 중단되어 종료되거나 저장 매체의 오류로 인해서 재부팅이 될 때 시스템 안 'fsck' 명령어가 실행되어 부적절한 종료로 생겨났던 잃어버린 파일들을 찾아 이 폴더 안에 저장하게 됩니다. 'fsck(File System Consistency Check)'이란 유닉스 계열의 파일 시스템의 이상 유/무를 확인하고 복구하는 시스템 유틸리티입니다.
- Mnt: Mount의 약자로서, 외부 장치(CD-ROM이나 FDD(Floppy Disk Drive) 등)가 mount 명령어를 통해 마운트 되면 해당 내용물이 Mnt 디렉토리에 저장됩니다.
- Proc: Process의 약자로서, 시스템의 각종 프로세스, 프로그램 정보 하드웨어적인 정보

들이 모두 저장됩니다. 해당 디렉토리는 가상 디렉토리라 dev 디렉토리와 마찬가지로 실제로 저장 매체에 저장이 되지 않고 메모리에 저장이 됩니다.

- Run: 이 디렉토리는 최근 리눅스 시스템에 추가된 디렉토리로 프로그램 실행 시에 필요한 데이터를 저장하는 공간입니다. Tmp 디렉토리와 임시로 데이터를 저장하는 것은 유사하지만 Tmp 디렉토리에 저장되는 데이터는 시스템 파일 정리에 취약한 면이 있지만 Run 디렉토리 내 데이터는 안전하게 보관됩니다.
- Srv: Service의 약자로서, 해당 디렉토리는 사이트에 특화된 데이터들을 저장하기 위한 공간입니다.
- Tmp: Temporary의 약자로서, 임시 파일들을 저장하기 위한 폴더입니다. 시스템 파일 정리 등에 의해 디렉토리 내 데이터들이 삭제될 수 있습니다.
- Var: Variable의 약자로서, 시스템 운영체제 내에서 운용 중 일시적으로 생성되고 삭제되는 데이터를 저장하기 위한 디렉토리입니다. 일시적으로 생성되고 삭제되는 데이터에는 로그파일, 스풀 파일 등이 있습니다.

(2) 리눅스 탐색 명령어 익히기

리눅스의 파일 시스템 구조를 알아보았으니 이번에는 리눅스 쉘 명령어를 배우도록 하겠습니다.

▪ 현재 경로 내 파일 및 디렉토리 보기 ⟨ ls ⟩

현재 경로의 파일과 디렉토리가 어떤 것들이 있는지 확인하기 위하여 리눅스 쉘 명령어 **ls**를 사용합니다. 리눅스 쉘 명령어는 대소문자를 구분하기 때문에 정확히 'ls'라고 입력하지 않으면 쉘에서 인식을 하지 못합니다. ls 명령어에 대한 더 자세한 옵션들을 보기 위하여 'ls -help'을 입력하면 자세한 옵션들에 대해서 나열합니다. ls 명령어는 다양한 옵션들이 존재하는데 이는 다음과 같습니다.

- **ls [경로명]** : 해당 경로의 파일 및 디렉토리 목록을 표시합니다.
- **ls -R** : 현재 위치의 디렉토리나 지정한 디렉토리의 하위 디렉토리들의 모든 내용들을 표시합니다.
- **ls -r** : ls의 표시결과를 내림차순으로 정렬합니다.
- **ls -S** : 파일사이즈가 가장 큰 것부터 표시합니다.
- **ls -L** : 심볼릭 링크(소프트 링크) 파일*을 일반파일형태로 표시합니다.

- **ls −l** : 표시 정보를 파일의 권한, 수정 날짜, 파일의 소유주, 파일의 형태 등 더 자세한 정보로 표시합니다.
- **ls −1** : 한 행에 한 파일씩 내용을 표시합니다.
- **ls −A** : 경로 안의 모든 파일들과 디렉토리들을 표시합니다. '.'나 '..'는 제외합니다.
- **ls −a** : '.'와 '..'를 포함한 모든 경로 안 파일들과 디렉토리들을 표시합니다.
- **ls −h** : 파일 사이즈에 용량 단위(MB, GB 등)을 붙여 표시합니다.
- **ls −n** : 소유자에 대한 UID★, GID★를 보여줍니다.
- **ls −m** : ','로 구분되어 파일 목록을 표시합니다.
- **ls −X** : 파일 확장자순으로 표시합니다.
- **ls −U** : 디스크 저장순서대로 표시합니다.
- **ls −F** : 파일의 형태('*', '@', '|', '=' 등)과 함께 목록을 표시합니다.
- **ls −c** : '−l' 옵션과 같이 사용 시 표시되는 시간을 ctime★으로 표시합니다.
- **ls −u** : '−l' 옵션과 같이 사용 시 표시되는 시간을 atime★으로 표시합니다.
- **ls −t** : 표시되는 시간을 기준으로 정렬합니다.
- **ls −i** : 파일의 inode값과 함께 파일의 속성을 표시합니다.

용어 해설

- 심볼릭 링크(소프트 링크) 파일 : 심볼릭 링크는 절대 경로나 상대 경로로 다른 파일이나 디렉토리를 참조하고 있는 파일입니다.
- UID(User ID) : 유닉스 계열의 운영체제에서의 사용자 식별 번호입니다. 슈퍼유저의 경우 UID는 0입니다.
- GID(Group ID) : 유닉스 계열의 운영체제에서의 그룹 식별 번호입니다. 슈퍼유저 그룹의 경우 UID는 0입니다.
- ctime : 파일의 속성 값이 바뀐 시점의 시각을 의미합니다. 파일 접근 권한이나, 소유주, 파일 크기 등이 파일 속성에 해당합니다.
- atime : 파일이 열렸을 때의 시각을 의미합니다.

위의 ls 옵션들은 각각 따로 사용할 수도 있고 같이 사용도 가능합니다. 같이 사용하기 위하여 '−'뒤에 연속으로 원하는 옵션의 키워드를 적어 사용이 가능한데, 예를 들어 ctime을 기준으로 시간 순으로 정렬하려면 'ls −lct'로 명령어를 작성하면 됩니다.

• 디렉토리 이동하기 ⟨ cd [경로명] ⟩

현재 디렉토리에서 다른 디렉토리로 이동하기 위해서는 리눅스 쉘 명령어 **cd [이동할 경로명]**을 사용합니다. [이동할 경로명]에는 단순 디렉토리명이나 전체 경로명이 들어가도 됩니다. 전체 경로명은 절대 경로와 상대 경로로 나눌 수 있으며 절대 경로란 Root(/) 디렉토리를 기준으로 도달하려는 모든 경로를 기술하는 경로이고, 상대 경로란 현재 위치의 디렉토리를 기준으로 도달하려는 경로를 기술하는 경로입니다.

- 절대경로 작성법 : 절대경로의 작성법은 [그림 3-7]을 참고하여 기준이 되는 가장 위 Root(/)부터 차례대로 내려가며 작성하면 됩니다. 예를 들면 Pi 디렉토리의 'Documents' 디렉토리를 도달하려면 '/Home/Pi/Documents' 의 경로로 작성합니다. 경로명 작성 시 대소문자를 구분하며 /로 각 디렉토리명을 나누어 작성합니다. 따라서 cd명령의 작성은 다음과 같습니다.

예 3-1	절대 경로로 디렉토리 이동하기

```
cd /home/pi/Documents
```

- 상대경로 작성법 : 상대경로의 작성법은 현재 위치를 기준으로 이동할 곳을 작성하게 됩니다. 예를 들어 현재 위치가 '/Home/Pi/'[1]라면 [그림 3-7]을 참고하여 Documents 디렉토리를 방문하기 위하여 다음과 같이 입력합니다.

예 3-2	상대 경로로 디렉토리 이동하기

```
cd ./Documents
```

상대경로와 절대경로의 차이점은 기준이 Root(/)에 둘 것인지 아니면 현재 위치에 둘 것인지에 차이점이 있습니다. 절대경로에서는 모든 경로를 Root부터 입력하기에 상위 디렉토리 이동시에 단순히 Root 디렉토리부터 다시 상위 디렉토리까지 작성하면 되지만 상대경로는 '..' 라는 키워드가 존재하여 cd 명령어의 경로명에 적어주면 됩니다. '..' 키워드는 반복해서

---

1) 해당 위치는 라즈베리파이에서 '~'로 표기됩니다.

사용할 수 있으며 모든 경로명 작성 시와 같이 디렉토리 간 구분은 /으로 합니다.

- **파일 종류 확인하기 〈 file [파일명] 〉**

리눅스 프롬프트 상에서는 각 파일의 종류에 따라 다른 색상으로 표시가 됩니다. 하지만 정확한 파일의 종류는 알 수 없습니다. 하지만 이런 파일의 종류와 상세정보를 정확히 알 수 있는 리눅스 쉘 명령어 **file [파일명]**이 존재합니다. 파일명에는 여러 파일명을 쓸 수 있으며 이 때 구분은 공백기호(스페이스 바)로 구분 짓습니다.

예 3-3	파일 종류 확인하기 명령어 작성 예

```
file ./Documents    ( 현재 경로 : /home/pi/ )
```

- **파일 및 디렉토리 찾기**

```
〈 find [검색을 시작할 경로] [옵션] [수행할 작업] 〉
〈 grep [옵션] [정규 표현식] [찾을 파일명] 〉
```

간혹 파일이나 디렉토리가 어디 위치에 있는지 알 필요가 있습니다. 하지만 찾기 명령어를 알지 못한다면, Root(/) 디렉토리부터 모든 디렉토리를 뒤져 찾는 일이 필요합니다. 다행스럽게도 리눅스 쉘 명령어 중 find와 grep 명령어가 존재해서 원하는 파일명이나 디렉토리를 쉽게 찾을 수 있습니다. find 명령어는 [검색을 시작할 경로]에 검색을 시작할 경로를 적어 넣습니다. 경로는 상대경로와 절대경로 둘 다 가능합니다. find 명령어의 [옵션]은 다음과 같은 것들이 있습니다.

- **find [검색을 시작할 경로] −perm [권한]**

  [권한]에 입력한 파일 권한과 일치하는 파일을 검색할 수 있습니다.

- **find [검색을 시작할 경로] −name [이름]**

  [이름]에 입력한 파일명과 일치하는 파일을 검색할 수 있습니다.

- **find [검색을 시작할 경로] −user [유저이름]**

  [유저이름]에 입력한 소유주와 일치하는 파일을 검색할 수 있습니다.

- **find [검색을 시작할 경로] -group [그룹이름]**

  [그룹이름]에 입력한 그룹에 속한 파일을 검색할 수 있습니다.

- **find [검색을 시작할 경로] -size [파일크기]**

  [파일크기]에 해당하는 파일을 검색할 수 있습니다.

- **find [검색을 시작할 경로] -empty**

  비어있는 일반파일이나 디렉토리를 검색합니다.

find 명령어에는 [옵션] 외에도 검색할 파일이나 디렉토리를 찾은 뒤 어떤 작업을 행할지 정하는 [수행할 작업]란이 존재합니다. [수행할 작업]란에 들어갈 명령은 다음과 같습니다.

- **find [검색을 시작할 경로] [옵션] -delete**

  검색된 파일들을 삭제합니다.

- **find [검색을 시작할 경로] [옵션] -exec [명령];**

  [명령]을 실행합니다.

> **! 주의**
>
> [명령] 끝에 ';' (세미콜론)이 있는 것에 유의하여야 합니다.

- **find [검색을 시작할 경로] [옵션] -ls**

  ls 명령을 수행합니다.

- **find [검색을 시작할 경로] [옵션] -ok [명령];**

  -exec와 같지만 실행 전 표준입력을 받고 표준입력이 존재하지 않으면 지정된 [명령]을 실행합니다.

- **find [검색을 시작할 경로] [옵션] -print**

  검색된 파일들에 대해서 전체경로를 목록과 같이 표시합니다.

- **find [검색을 시작할 경로] [옵션] -print format**

  검색된 파일들에 대해서 지정된 형식으로 목록을 표시합니다.

find 명령외에도 grep 이란 명령을 통해서 파일을 검색할 수 있습니다. 두 명령어의 차이점은 find 명령어는 파일 자체를 찾는 것에 주력하지만, grep 명령어는 파일 안 내용의 특정 패턴을 검색하는데 주력합니다. grep 명령어의 [정규 표현식]란에는 정규표현식 메타문자★를 사용합니다. 이어 grep 명령어의 옵션은 다음과 같습니다.

- **grep −b** : 각 행 앞에 블록 번호를 표시합니다.
- **grep −c** : 검색 결과 대신 찾아낸 행의 총 수를 표시합니다.
- **grep −h** : 파일 이름을 표시하지 않습니다.
- **grep −i** : 키워드의 대/소문자를 구분하지 않습니다.
- **grep −l** : 패턴이 존재하는 파일의 이름만 표시합니다.
- **grep −n** : 파일 내에서 행 번호를 함께 표시합니다.
- **grep −s** : 에러 메시지 외에는 표시하지 않습니다.
- **grep −v** : 패턴이 존재하지 않는 행만 표시합니다.
- **grep −w** : [정규 표현식]을 하나의 단어로 취급하여 검색합니다.

용어 해설

- 정규 표현식 : 특정한 규칙을 가진 문자열의 집합을 표현하는데 사용하는 형식 언어입니다.
- grep 명령어에서 사용하는 정규표현식 메타문자

메타문자	기능	사용 예	설명
^	행의 시작 지시자	^abc	abc로 시작하는 모든 문자
$	행의 끝 지시자	$abc	abc로 끝나는 모든 문자
.	하나의 문자와 대응	a.c	총 3글자 중 a와 c로 끝나는 문자
*	선행문자를 포함하는 모든 문자와 대응	abc*	abc로 시작하는 모든 문자
[]	[] 사이의 문자 집합 중 하나와 대응	[aA]bc	abc나 Abc에 대응하는 문자
[^]	정해진 범위 내의 속하지 않는 문자와 대응	[^A-C]bc	앞자리가 대문자 A부터 C를 포함하지 않고, bc로 끝나는 3글자 문자
\\<	단어의 시작 지시자	\\<abc	abc로 시작하는 행
\\>	단어의 끝 지시자	\\>abc	abc로 끝나는 행
x\\{m\\}	문자 x를 m번 반복	a\\{3\\}	a가 3번 반복되는 문자열과 대응
x\\{m,\\}	문자 x를 최소 m번 반복	a\\{3,\\}	a가 최소 3번 반복되는 문자열과 대응
x\\{m,n\\}	문자 x를 m번부터 n번까지 반복	a\\{3,5\\}	a가 최소 3번부터 5까지 반복되는 문자열과 대응

3.2.2 리눅스 시스템 제어 명령어

이번에는 리눅스 쉘 명령어 중 파일의 생성, 복사와 삭제 등의 탐색 명령어를 제외한 명령
어들을 다루겠습니다.

▪ 디렉토리 생성 ⟨ mkdir [옵션] [디렉토리명] ⟩

파일을 한데 모아 관리를 하려면 디렉토리가 필요합니다. 이를 위하여 리눅스 쉘 명령어
mkdir [디렉토리명]를 이용합니다. [디렉토리명]에는 공백 기호(스페이스 바)로 여러 개의
[디렉토리명]으로 여러 개의 디렉토리를 한꺼번에 생성할 수 있습니다. 또한 [디렉토리명]에
경로명을 적어 해당 경로에 디렉토리를 생성할 수 있습니다. 예를 들어 'mkdir /Home/Pi/
New\Directory'로 명령어를 입력하면 '/Home/Pi/'에 'New Directory'가 생성이 됩니다. 덧
붙여 mkdir 명령어의 옵션은 다음과 같습니다.

• **mkdir −p** : 상위 디렉토리까지 포함하여 경로에 적힌 모든 디렉토리를 생성합니다.
• **mkdir −m** : 디렉토리의 접근 권한을 설정합니다.

| 예 3-4 | 디렉토리 생성 명령어 |

```
mkdir NewDirectory
```

▪ 디렉토리 삭제 ⟨ rmdir [옵션] [디렉토리명] ⟩

파일 시스템 관리를 위하여 필요 없는 빈 디렉토리를 지울 필요가 있습니다. 이를 위하여
리눅스 쉘 명령어 **rmdir [디렉토리명]**으로 [디렉토리명]에 해당하는 디렉토리나 경로명을
적어 디렉토리를 지울 수 있습니다. 하지만 rmdir 명령어는 지울 디렉토리에 내용물이 존재
하면 지울 수 없지만, 옵션 덧붙여 rmdir 명령어의 옵션은 다음과 같습니다.

• **rmdir −p** : 상위 디렉토리가 비어있을 경우 경로의 모든 디렉토리를 삭제합니다.
• **rmdir −r** : 디렉토리 내 내용물과 디렉토리를 모두 삭제합니다.

| 예 3-5 | 디렉토리 삭제 명령어 |

```
rmdir NewDirectory
```

■ 파일 복사 〈 cp [옵션] [원본] [사본] 〉

파일 복사를 하기 위하여 리눅스 쉘 명령어 **cp**를 이용합니다. [원본]에는 복사하려는 파일의 경로와 파일명이 모두 들어가야 합니다. 마찬가지로 [사본]에도 복사하려는 위치의 경로와 사본의 파일명을 정확히 적어야 합니다. cp 명령어는 다음과 같은 옵션들이 존재합니다.

- **cp −a** : [원본] 파일의 속성과 링크정보들을 그대로 유지하며 복사합니다.
- **cp −b** : 해당 위치에 복사할 파일이 존재한다면, 기존 파일을 백업한 뒤 복사를 진행합니다.
- **cp −d** : [원본]이 심볼릭 링크 파일일 때 심볼릭 링크 자체를 복사합니다.
- **cp −f** : 해당 위치에 복사할 파일이 존재한다면, 기존 파일을 강제로 지우고 복사를 진행합니다.
- **cp −i** : 해당 위치에 복사할 파일이 존재한다면, 사용자에게 어떻게 처리할 것인지 묻습니다.
- **cp −l** : 복사할 파일을 하드링크* 형식으로 복사합니다.
- **cp −P** : [원본] 파일이 경로와 같이 지정되었을 경우 디렉토리 경로까지 같이 복사를 합니다.
- **cp −p** : 원본 파일의 소유주, 그룹, 권한 등의 정보를 그대로 유지하며 복사합니다.
- **cp −r** : 파일일 경우 지정한 [원본]만 복사하지만, 디렉토리를 복사할 경우 하위 디렉토리와 파일들을 모두 복사합니다.
- **cp −R** : 지정한 디렉토리 내 모든 하위 디렉토리와 파일을 복사합니다.
- **cp −s** : [원본]이 파일 형식이라면, 심볼릭 링크(소프트 링크) 형식으로 복사합니다.
- **cp −S** : 지정 디렉토리 내 [원본]과 동일한 이름의 파일이 존재한다면, 백업 파일을 생성하며 끝에 원하는 확장자를 붙여 복사합니다.
- **cp −u** : 지정한 위치에 [원본]과 동일한 파일이 있고, 변경 날짜가 최신파일이라면 복사하지 않습니다.
- **cp −v** : 각 파일의 복사 상태를 자세히 표시합니다.
- **cp −x** : [원본] 파일과 [사본] 파일의 파일 시스템이 다르면 복사하지 않습니다.

용어 해설	• 하드 링크: 하드 링크는 물리적인 데이터 위치 정보를 나타내주는 링크 방식입니다. 심볼릭 링크(소프트 링크)와 비교하면, 심볼릭 링크는 원본 데이터가 삭제되었을 때 심볼릭 링크를 통해서 원본 데이터에 접근할 수 없지만, 하드 링크는 근본적인 데이터 위치 정보를 가리키고 있기 때문에 원본 데이터가 삭제된다고 해도 하드 링크로 복사된 파일을 통해 접근할 수 있습니다.

▪ 파일 삭제 〈 rm [옵션] [삭제 대상] 〉

파일을 삭제하기 위하여 리눅스 쉘 명령어 **rm [옵션] [삭제 대상]**을 이용합니다. [삭제 대상]은 디렉토리나 파일이 될 수 있고 디렉토리일 경우 상대 경로와 절대 경로 모두 가능합니다. 단 대소문자를 구분하기 때문에 정확히 기입하여야 합니다. rm 명령어 역시 다양한 옵션들이 존재하고 종류는 다음과 같습니다.

- **rm -r** : 하위의 디렉토리를 포함하여 모두 삭제합니다.
- **rm -i** : 삭제를 진행할 때 사용자에게 진행을 할 것인지 확인 메시지를 보여줍니다.
- **rm -f** : 강제로 삭제를 진행합니다.
- **rm -v** : 삭제되는 동안 삭제 진행상황을 표시합니다.

▪ 파일 이동 〈 mv [옵션] [파일명] [이동 위치] 〉

파일 이동을 위하여 리눅스 쉘 명령어 **mv [옵션] [이동 대상] [이동 위치]**를 사용합니다. 이동 대상은 디렉토리와 파일 두 가지 모두 될 수 있으며, 이동시킬 경로를 적어 넣습니다. mv 명령어의 옵션은 다음과 같습니다.

- **mv -b** : 이동 위치에 이름이 같은 파일이나 디렉토리가 존재한다면, 백업 후 이동을 시킵니다.
- **mv -f** : 이동 위치에 이름이 같은 파일이나 디렉토리가 존재한다면, 덮어쓰기를 합니다.
- **mv -i** : 이동 위치에 이름이 같은 파일이나 디렉토리가 존재한다면, 사용자에게 진행할 것인지 물어봅니다.
- **mv -v** : 이동 진행 상황을 표시합니다.
- **mv -u** : 이동할 파일이 최신 파일일 경우만 이동시킵니다.
- **mv -S** : -b 옵션을 이용해서 백업파일에 접미사를 지정합니다.

■ 파일 및 디렉토리 이름 바꾸기

> 〈 mv [옵션] [변경 대상 파일명] [바꿀 파일명] 〉
> 〈 mv [옵션] [변경 대상 디렉토리명] [바꿀 디렉토리명] 〉
> 〈 rename [변경 전 파일명] [변경 후 파일명] [대상파일] 〉

파일이나 디렉토리명을 바꾸려면 mv나 rename 명령어를 이용해 변경할 수 있습니다. mv 명령어의 경우 한 개의 파일 이름을 바꿀 때 사용되며 [파일명]의 위치에 [변경 대상 파일명 or 디렉토리명]을 적어 넣고, [이동 위치]에 [바꿀 파일명 or 디렉토리명]으로 대체하면 됩니다. 반면 rename 명령어는 와일드카드 문자(?, *)*를 인식하기 때문에 한꺼번에 많은 양의 파일의 이름을 바꿀 때 사용합니다. 사용 방법은 'rename [변경 전 파일명] [변경 후 파일명] [대상파일]'로 작성하고, rename 명령어의 옵션은 따로 존재하지 않습니다.

> **용어 해설**
> ● 와일드카드 문자: 와일드카드 문자는 컴퓨터에서 특정 명령어로 여러 파일을 한꺼번에 지정할 목적으로 사용하는 기호입니다. 가장 흔히 쓰이는 와일드카드 문자는 *이며, 이 문자는 모든 문자로 대체될 수 있는 성질이 있습니다. 예를 들어 a*로 파일명을 검색하면 abc, abcd, abcde 등 가장 왼쪽에 a를 포함하는 모든 파일이나 디렉토리를 살펴볼 수 있습니다.

■ 외부 패키지 관리

● 외부 패키지 설치 및 재설치

> 〈 sudo apt-get install [패키지 이름] 〉
> 〈 sudo apt-get --reinstall install [패키지 이름] 〉

데비안(Debian) 계열의 운영체제에서는 APT(Advanced Package Tool)이란 도구로 소프트웨어를 쉽게 설치 및 유지관리를 할 수 있습니다. 외부 소프트웨어 설치를 위해서는 슈퍼유저의 권한이 필요하고 이를 위한 명령어가 sudo 명령어입니다. 패키지를 설치하기 위해서 리눅스 쉘 명령어 **sudo apt-get install [패키지 이름]**을 사용합니다. 패키지의 오류로 인해 재설치가 필요한 경우 리눅스 쉘 명령어 **sudo apt-get --reinstall install [패키지 이름]**을 사용합니다. [패키지 이름]은 대/소문자를 구분하기 때문에 정확히 입력하여야 합니다. 설치할 패키지의 목록은 '/etc/apt/sources.list'에 저장되어 있으며 이 목록들은 리눅스 셸 명령어 **sudo apt-get update**로 갱신할 수 있습니다.

- 외부 패키지 목록 갱신 〈 sudo apt-get update 〉
  리눅스 패키지를 설치하려면 '/etc/apt/sources.list'에 있는 패키지 인덱스에 설치할 패키지의 정보가 존재하여야 합니다. 해당 패키지의 인덱스를 갱신하려면 리눅스 셸 명령어 **sudo apt-get update**를 입력하여 패키지 인덱스를 갱신할 수 있습니다.

- 외부 패키지 업그레이드 〈 sudo apt-get upgrade〉
  설치되어 있는 패키지는 리눅스 셸 명령어 **sudo apt-get upgrade**로 버전 업그레이드를 할 수 있습니다. 패키지 업그레이드는 인터넷에 연결되어있어야 진행이 가능하고, 프롬프트 상에서 계속 진행할 것인지 묻는 메시지 창에서 'Y'를 입력하면 업그레이드를 진행할 수 있습니다.

- 외부 패키지 삭제

```
〈 sudo apt-get remove [패키지 이름]〉
〈 sudo apt-get --purge remove [패키지 이름]〉
```

설치되어있는 패키지를 삭제하기 위해서는 리눅스 셸 명령어 **sudo apt-get remove [패키지 이름]**을 이용합니다. [패키지 이름]은 대/소문자를 구문하며 정확히 입력하여야 합니다. 'apt-get' 뒤에 '--purge'의 옵션을 넣으면, 패키지의 설정 파일까지 모두 삭제합니다.

- 외부 패키지 검색 〈 sudo apt-cache search [패키지 이름]〉
  [패키지 이름]에 관련한 모든 패키지들을 찾아 보려면 리눅스 셸 명령어 **sudo apt-cache search [패키지 이름]**을 사용합니다. [패키지 이름]은 대/소문자를 구분하기 때문에 정확히 입력하여야 합니다.

- 외부 패키지 정보보기 〈 sudo apt-cache show [패키지 이름]〉
  [패키지 이름]에 관련한 정보를 보려면 리눅스 셸 명령어 **sudo apt-cache search [패키지 이름]**을 사용합니다. [패키지 이름]은 대/소문자를 구분하기 때문에 정확히 입력하여야 합니다.

▪ 시스템 전원 관리

● 시스템 전원 *끄*기 및 재부팅

```
〈 sudo halt 〉
〈 sudo reboot 〉
```

리눅스의 전원을 바로 *끄*는 것은 마이크로 SD카드에 손상을 줄 수 있어 좋지 않습니다. 운영체제 내 명령어를 이용하여 안전하게 시스템을 종료하려면 리눅스 쉘 명령어 **sudo halt**을 이용합니다. 또한 선을 재연결하지 않고 명령어를 통해 재부팅하려면 리눅스 쉘 명령어 **sudo reboot**을 이용합니다.

스크래치

학습목표

- 스크래치를 이용하여 프로그래밍 하는 방법을 배운다.
- 스크래치를 이용하여 스프라이트를 만들어 본다.
- 스크래치를 이용하여 게임 프로그램을 만드는 방법을 배운다.

이 장에서는 스크래치라는 개발 도구를 이용하여 소프트웨어를 개발하는 방법을 공부 하겠습니다. 스크래치는 2006년 미국 MIT의 Kindergarten Group에 의해 처음 개발 되었는데, 어린아이들이 레고를 조립하듯이 다양한 블록들을 드래그 앤 드롭(Drag and Drop) 방식으로 끼워 맞춰 컴퓨터 프로그래밍을 할 수 있습니다. 이 책을 통해 설치한 라즈비안에는 기본적으로 스크래치가 설치되어 있어 'Menu'→'개발'→'Scratch'를 통해 실행해 볼 수 있습니다.

4.1 스크래치로 프로그램 만들기

4.1.1 스크래치 인터페이스

(1) Palettes and Panes

- **Block Palette** : 첫 시작화면에서 제일 왼쪽에 있는 긴 Pane을 말하며 Script Area에 변수, 다양한 동작들, 제어, 연산 등을 만들 수 있는 블록들이 있는 구역입니다. 프로그램 개발에 필요한 블록들을 스크립트 에어리어에 드래그 앤 드롭을 하여 프로그램을 개발할 수 있는데, 각 블록에서 오른쪽 클릭을 하면 해당 블록의 기능을 자세히 볼 수 있습니다.

- **Script Area**: Block Palette 바로 오른쪽에 있으며, Script Area에서 여러 Block들을 끌어다 조립하여 프로그램을 개발할 수 있습니다. 사용하고 싶은 블록은 Block Palette에서 끌어다 Script Area에 놓으면 되고 반대로 제거하고 싶은 블록은 Script Area에서 Block Palette으로 끌어다 놓으면 됩니다.

Block Palette

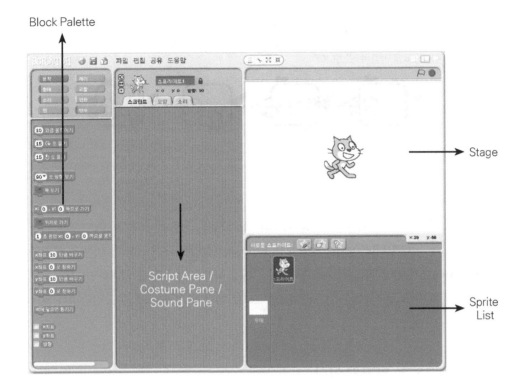

Stage

Script Area /
Costume Pane /
Sound Pane

Sprite
List

[그림 4–1] 스크래치 사용자 인터페이스

- **Costume Pane**: Script Area와 같은 곳에 있고, 한글로 '모양'이란 탭으로 번역되어 있습니다. 이 패널은 애니메이션에 필요한 선택된 스프라이트 모음을 표시합니다. 그림을 직접 그리거나 사진을 불러오거나 카메라로 사진을 찍어 스프라이트를 구성할 수 있습니다.
- **Sound Pane**: Script Area와 같은 곳에 있고, 한글로 '소리'란 탭으로 번역되어 있습니다. 이 패널은 오디오 클립 리스트를 담고 있습니다. 각 오디오 클립의 '▶' 버튼을 통해 재생을 할 수 있고, '■' 버튼을 눌러 재생 중인 오디오 클립을 중지할 수 있습니다. '●' 버튼을 통해 직접 마이크로 녹음을 하여 오디오 클립을 리스트를 넣을 수 있습니다.
- **Sprites Pane**: 우측 하단에 있으며, 모든 스프라이트*를 표시합니다. 스프라이트에서 좌측 상단 'i' 모양을 클릭하여 해당 스프라이트의 정보를 볼 수 있는 Sprite Info 창이 나타납니다.

> **용어 해설**
> ■ 스프라이트: 그래픽 용어로서 게임 개체의 동작을 표현할 때 사용하는 방법으로 일정 사이즈 한 개, 한 개의 그래픽 데이터를 '스프라이트'라고 합니다. 여러 개의 스프라이트를 이어 움직이는 동작을 만들 수 있습니다.

(2) Stage

우측 상단에 위치하며, 이 패널은 스프라이트와 프로그램의 동작을 직접 볼 수 있도록 표시해 주는 역할을 담당합니다. Stage 패널에서 우측 상단에 있는 초록색 깃발 버튼을 클릭하면 Script Area에서 짠 논리 순서대로 동작하고, 빨간 동그라미 버튼을 클릭하면 하던 동작을 멈춥니다. 또한 Stage 상에서 스프라이트를 드래그하여 위치를 바꿀 수도 있습니다.

4.2 스크래치에 익숙해지기

4.2.1 움직이며 말하는 캐릭터 만들기

스크래치 인터페이스와 그 기능을 살펴보았으니 이번에는 직접 블록을 다루며 기본으로 주어지는 고양이 캐릭터가 움직이며 말을 하는 프로그램을 만들어 보겠습니다. 시작 전 라즈베리파이 보드, 키보드, 마우스, 모니터가 제대로 작동하는지 점검합니다. 모두 정상적으로 작동한다면, '메뉴'→'개발'→'Scratch'를 눌러 스크래치를 시작합니다.

준비물

- 라즈베리파이 3 모델 B 보드
- 키보드와 마우스
- 모니터
- HDMI 케이블

██ **예제**

① 한 방향으로 스프라이트 움직이기

② 좌/우로 스프라이트 움직이기

③ 좌/우로 방향을 바꾸며 움직이는 스프라이트 만들기

④ 좌/우로 움직이며 방향을 바꾸는 스프라이트 만들기

⑤ 움직이는 스프라이트에 말풍선 추가하기

(1) 한 방향으로 스프라이트 움직이기

필요한 블록들

[1] █ 클릭했을 때 █ , [2] █ 10 만큼 움직이기 █

움직이려고 하는 고양이 캐릭터를 마우스로 한번 클릭한 후 스크립트의 실행을 위하여
Block Palette의 위에 있는 '제어' 항목의 블록들 중 [1] 블록을 끌어 스크립트 영역으로 놓
습니다 ([그림 4-2]).

[그림 4-2] 이벤트 블록 추가

Block Palette의 위에 있는 '동작' 항목으로 이동하여 [2] 블록을 끌어 [1] 블록 아래에 끼워
넣고, Stage 패널의 우측상단에 있는 '초록색 깃발'을 클릭하면 조립된 스크립트가 실행되
며 [숫자] 만큼 캐릭터가 움직이는 것을 볼 수 있습니다 ([그림 4-3]).

[그림 4-3] 동작 블록 추가

(2) 좌/우로 스프라이트 움직이기

필요한 블록들

[1] 클릭했을 때 , [2] 1 초 동안 x: 10 y: 0 으로 모직여기

스크립트의 실행을 위해서 [1] 블록을 스크립트 영역에 추가하고, [2] 블록을 아래에 추가합니다 ([그림 4-4]).

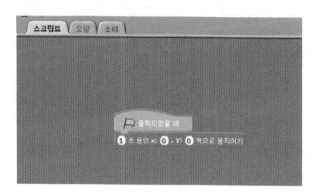

[그림 4-4] n초 동안 원하는 만큼 움직이게 해주는 블록의 추가

캐릭터의 움직임을 확실히 보기 위하여 [2] 블록의 X값을 50으로 변경하고 '초록색 깃발 버튼'을 누르면 캐릭터가 1초 동안 (50,0)의 좌표*로 이동하는 것을 볼 수 있습니다. X값은 텍스트 상자를 마우스로 클릭하여 변경할 수 있습니다 ([그림 4-5]).

[그림 4-5] 1초 동안 오른쪽으로 50만큼 움직이도록 설정

X좌표로 50만큼 이동한 캐릭터를 다시 뒤로 돌려보내기 위하여 [2] 블록을 새로 아래에 추가한 뒤 X값을 0으로 입력하고 '초록색 깃발 버튼'을 눌러 실행하면 고양이 캐릭터가 50만큼 오른쪽으로 갔다가 다시 제자리로 돌아오는 것을 확인할 수 있습니다 ([그림 4-6]).

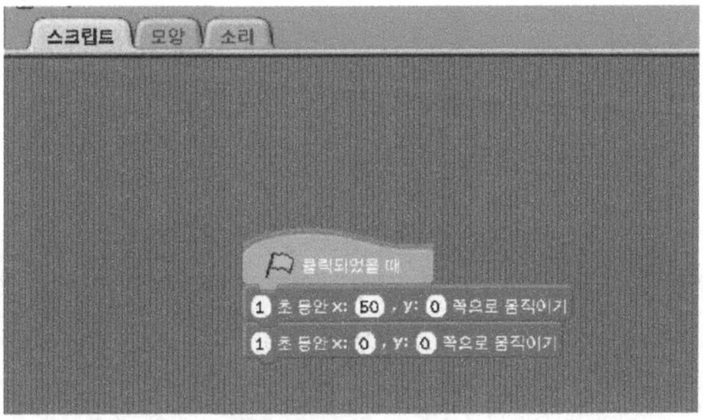

[그림 4-6] 50만큼 이동한 후 다시 제자리로 돌아오도록 설정

(3) 좌/우로 움직이며 방향 바꾸는 스프라이트 만들기

필요한 블록들

[1]  클릭됐을 때 , [2]  1 초 동안 x: 10 y: 0 으로 모직여기

[3]  90 도 방향 보기 , [4] 무한 반복하기

좌/우로 이동 시 방향을 바꾸어 이동하는 것처럼 표현하기 위하여 스프라이트의 회전을 왼
쪽에서 오른쪽으로만 가능하도록 스프라이트 선택 후 '왼쪽에서 오른쪽으로만' 회전 옵션
을 클릭합니다 ([그림 4-7]).

[그림 4-7] '왼쪽에서 오른쪽으로만' 회전 옵션

다시 Script Area로 돌아와 고양이 캐릭터가 오른쪽으로 50만큼 이동하였을 때 방향을 바
꾸어 다시 제자리로 돌아가는 모습을 만들기 위하여 Block Palette의 '동작'에서 [3] 블록을
끌어다 첫 번째와 3번째에 블록 2개를 추가합니다. 첫 번째 '방향 보기' 블록의 값은 '90도
(오른쪽)'으로, 두 번째 '방향 보기' 블록의 값은 '-90(왼쪽)'으로 설정한 후 실행하면 좌/우
로 이동하며 방향을 바꾸는 모습을 볼 수 있습니다 ([그림 4-8]).

[그림 4-8] 좌/우 반전 스프라이트 설정 블록

이번에는 실행 버튼을 눌렀을 때 중지하기 전까지 계속해서 좌/우로 움직이는 고양이 캐릭
터를 만들기 위하여 Block Palette의 '제어'에서 [4] 블록을 끌어서 [1] 블록과 [3] 블록 사
이에 끼워 넣고 실행을 하면 중지하기 전까지 계속해서 좌/우로 이동하는 고양이 캐릭터를
볼 수 있습니다 ([그림 4-9]).

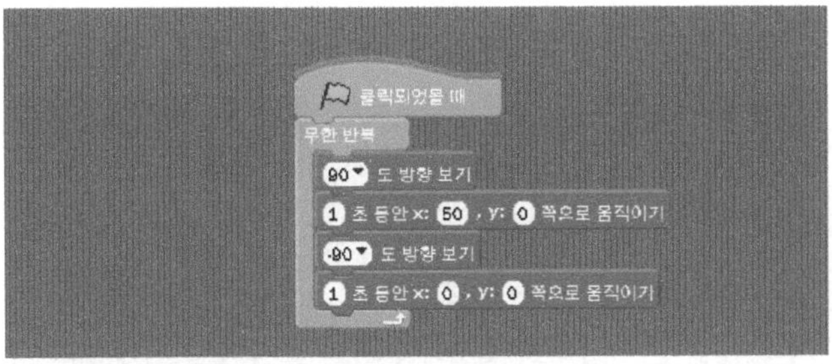

[그림 4-9] 좌/우 반전 스프라이트 무한 왕복 설정 블록

(4) 좌/우로 걸으며 방향 바꾸는 스프라이트 만들기

필요한 블록들

[1] 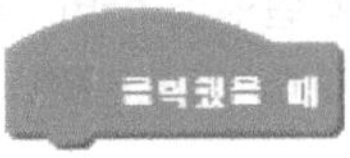

, [2] 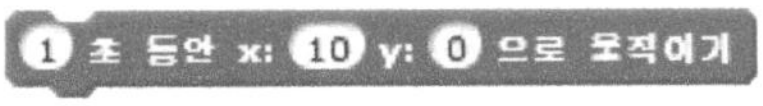

[3] 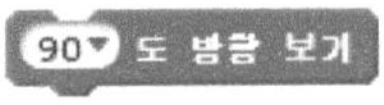

, [4] 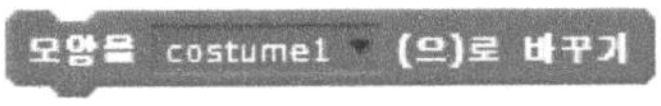

[5] 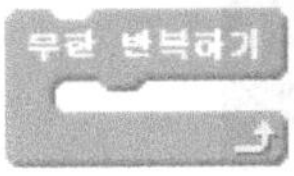

, [6] 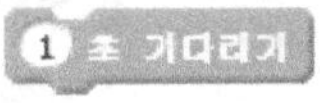

좌/우로 이동 시 방향을 바꾸어 이동하는 것처럼 표현하기 위하여 스프라이트 모양을 계속해서 변경해야 할 필요가 있습니다. 이를 위하여 [1] 블록을 하나 더 추가합니다 ([그림 4-10]).

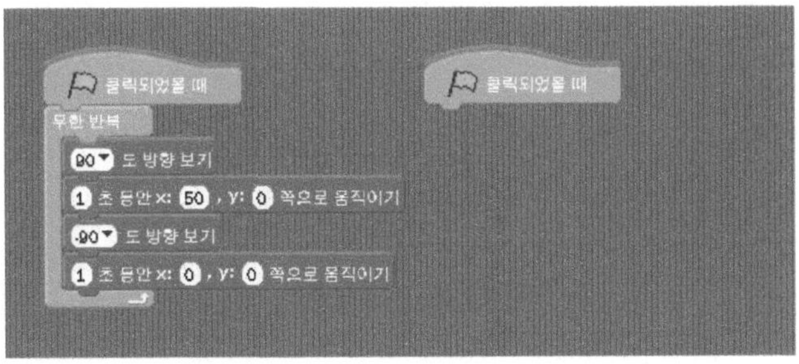

[그림 4-10] 새로운 이벤트 블록 추가

애니메이션을 계속 반복할 것이므로 [1] 블록 아래에 [5] 블록을 추가합니다 ([그림 4-11]).

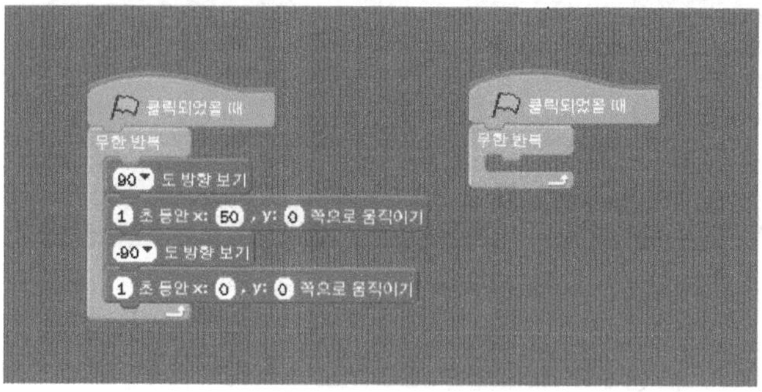

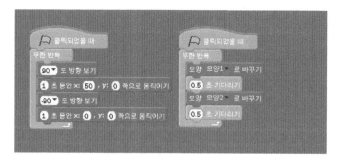

[그림 4-11] 애니메이션 반복을 위한 무한반복 블록 추가

이제 스프라이트 모양을 바꿔줄 [4] 블록을 [5] 안에 넣고 값을 '모양 1'로 설정한 후 [6] 블록을 아래에 추가하여 다음 그림을 나타낼 시간의 간격을 둬야합니다. 이어 [4] 블록을 다시 추가하여 값을 '모양 2'로 설정한 뒤 시간 간격을 [6] 블록으로 두고 실행을 하면 고양이 캐릭터가 걸으며 좌/우로 이동하는 것을 볼 수 있습니다. [6] 블록의 시간 간격을 좀 더 줄여 스프라이트의 동작이 좀 더 자주 바뀌어지도록 설정할 수 있습니다 ([그림 4-12]).

[그림 4-12] 모양 바꾸기 블록으로 애니메이션을 만드는 블록 설정

(5) 움직이는 스프라이트에 말풍선 추가하기

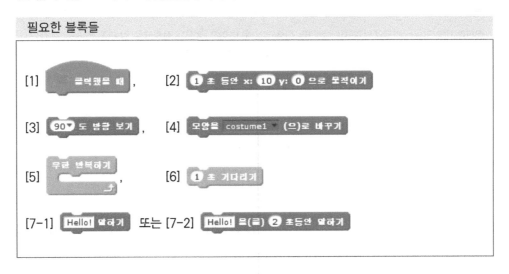

마지막으로 움직이는 스프라이트에 [7-1] 블록이나 [7-2] 블록을 추가하여 고양이 캐릭터가 말을 하는 것처럼 프로그램을 작성하겠습니다. 작성된 두 큰 블록 중 하나의 [1] 블록 아래에 [7-1] 블록을 추가하면 '안녕'이라는 말풍선이 캐릭터를 따라다니며 계속 표시가 됩니다. [7-2] 블록을 사용하면 일정 시간 후 말풍선이 사라지게 됩니다 ([그림 4-13]).

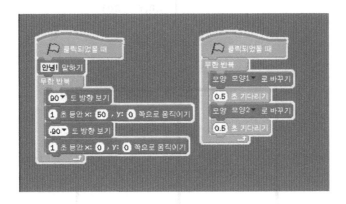

[그림 4-13] 말풍선 추가하기

⧗ 스크래치에서의 stage 좌표계

스크래치의 Stage 좌표계의 수치는 화면의 정중앙이 (0.0)이고, X값은 좌측으로 갈수록 음수로, 우측으로 갈수록 양수로 변하며 Y값은 위로 갈수록 양수로, 아래로 갈수록 음수로 변합니다.

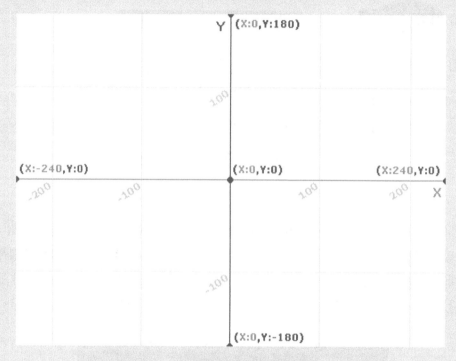

스크래치 Stage의 좌표계

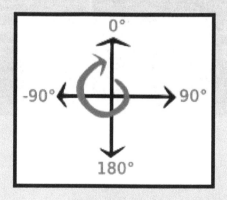

스크래치 Stage의 각도

4.2.2 키보드로 움직이는 캐릭터 만들기

이번에는 키보드로 고양이 캐릭터를 이동시키는 방법을 공부 하겠습니다.

- 라즈베리파이 3 모델 B 보드
- 키보드와 마우스
- 모니터
- HDMI 케이블

- 키보드로 캐릭터를 양 빙향으로 움직이기
- 스페이스바로 점프 만들어보기

(1) 키보드로 캐릭터를 한 방향으로 움직이기

필요한 블록들

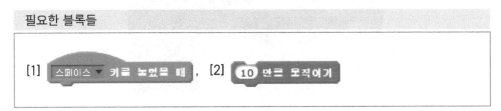

키보드의 특정키를 눌렀을 때 캐릭터가 움직이게 하기 위해서는 키보드 이벤트를 감지해줄 수 있는 '제어'항목의 [1] 블록을 Script Area로 끌어놓습니다. [1] 블록은 특정키가 눌렸을 때를 감지하는 블록으로 '▼' 버튼을 눌러 자신이 원하는 키가 눌렸을 경우 감지할 수 있도록 설정할 수 있습니다. 이번 예제에서는 '오른쪽 화살표'를 눌렀을 때 감지할 수 있도록 값을 설정합니다 ([그림 4-14]).

[그림 4-14] 오른쪽 화살표가 눌렸을 때 발생하는 이벤트 블록

'오른쪽 화살표'를 눌렀을 때 [1] 블록이 감지하므로 캐릭터를 움직이기 위하여 [2] 블록을 아래에 추가하고 '오른쪽 방향키'를 눌러보면 캐릭터가 오른쪽으로 움직이는 것을 볼 수 있습니다 ([그림 4-15]).

[그림 4-15] 오른쪽 화살표가 눌렸을 때 10만큼 이동

같은 방법으로 왼쪽으로 움직이기 위하여 [1] 블록을 하나 더 추가하고 '왼쪽 화살표'가 눌렸을 때 이벤트를 감지할 수 있도록 설정합니다. 이어 [2] 블록을 새롭게 추가한 [1] 블록 아래에 추가한 뒤, [2] 블록의 값을 '-10'으로 설정합니다. 이제 좌/우 방향키를 눌러보면 캐릭터가 화살표 방향에 따라 움직이는 것을 볼 수 있습니다 ([그림 4-16]).

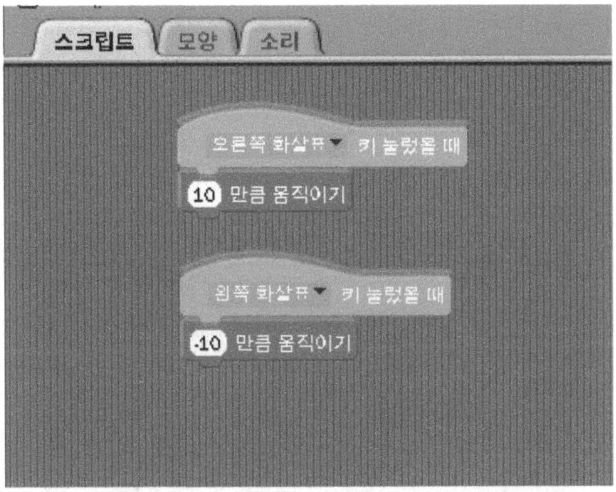

[그림 4-16] 방향키로 좌/우 이동시키기 블록 설정

(2) 스페이스바로 간단한 점프 만들기

필요한 블록들

[1] 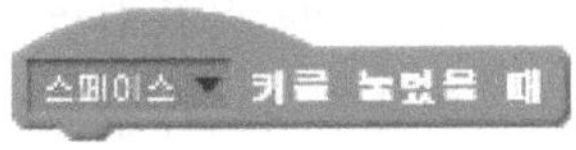 스페이스▼ 키를 눌렀을 때 ,   [2] 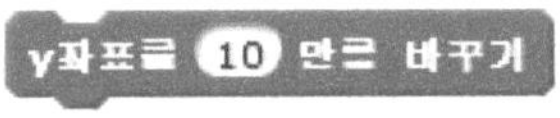 y좌표를 10 만큼 바꾸기

[3] 까지 반복하기

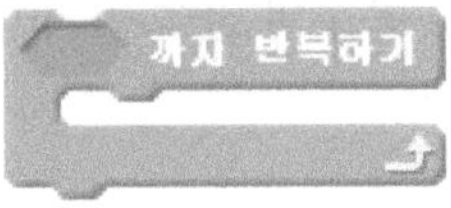

스페이스바가 눌렸을 때 캐릭터가 점프하는 기능을 만들기 위해 [1]의 블록을 Script area에 끌어놓습니다. '▼' 버튼을 눌러 스페이스바로 설정합니다 ([그림 4-17]).

스페이스▼ 키 눌렀을 때

[그림 4-17] 스페이스키 이벤트 블록 추가

점프는 아래에서 위로 올라갔다가 다시 내려오는 기능입니다. 이를 구현하기 위해 [1] 블록 아래에 위로 올라갔다, 내려오는 것을 반복시켜 줄 [3] 블록을 2개 추가합니다 ([그림 4-18]).

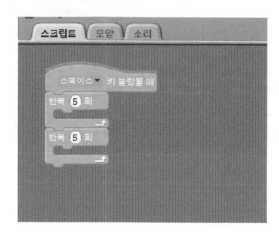

[그림 4-18] 점프 기능을 위한 반복 블록 추가

[3] 블록을 추가 했다면, [3] 블록 안에 [2] 블록을 이용하여 y 좌표를 변환하여 점프 기능을 만들 수 있습니다. 첫 번째 [2] 블록은 아래에서 위로 올라가야 하므로 양수의 값을 가져야 하고, 두 번째 [2] 블록은 위에서 아래에서 다시 내려와야 하므로 음수의 값을 가져야 합니다 ([그림 4-19]).

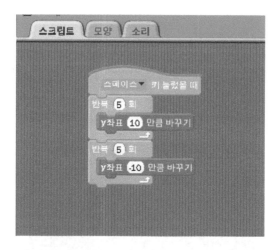

[그림 4-19] 스페이스로 간단한 점프 기능 블록 구성

4.3 스크래치 프로젝트: 비행기 슈팅 게임

이번에는 스크래치를 이용하여 비행기 슈팅 게임을 만들어 보겠습니다. 이 게임을 만드는 프로젝트를 통해서 스크래치에 좀 더 익숙해질 수 있고 간단한 게임을 개발하는 과정을 숙달함으로써 자신이 가지고 있던 아이디어를 구체화 할 수 있을 것입니다.

준비물

- 라즈베리파이 3 모델 B 보드
- 키보드와 마우스
- 모니터
- HDMI 케이블
- 플레이어 및 적 비행선 스프라이트

예제

- 프로젝트 시작환경 만들기
- 플레이어 비행선 만들기
- 총알 만들기
- 총알 발사하기
- 총알 여러 발 발사하기
- 적 비행선 만들기

(1) 프로젝트 시작환경 만들기

새로운 프로젝트 환경을 만들기 위하여 스크래치를 실행 후 보이는 고양이 캐릭터를 삭제해야 합니다. 삭제 방법은 다음과 같습니다.

- Stage 내 고양이 캐릭터에 마우스 오른쪽 클릭을 하여 나오는 팝업창에서 삭제를 클릭합니다.
- 또는 Sprite Pane에서 '스프라이트1'에 마우스 오른쪽 클릭을 하여 나오는 팝업창에서 삭제를 클릭합니다.

고양이 캐릭터 삭제 후 프로젝트를 저장하기 위하여 다음과 같이 진행합니다.

- '파일'→'저장'을 누릅니다.
- '프로젝트 저장 대화상자'에서 '새 폴더' 버튼을 눌러 'Airplane' 폴더를 생성합니다.
- 'Airplane' 폴더로 진입 후 '프로젝트 저장 대화상자'의 '새로운 파일이름'에 'Airplane'이라 쓰고 '확인' 버튼을 누릅니다.

이어 게임에 사용할 비행기 스프라이트를 구하기 위하여 다음과 같이 진행합니다.

- 'http://opengameart.org/' 홈페이지로 접속합니다.
- 'SpaceShip Set (4 Pixel Art Space Ships)[1]' 스프라이트를 검색 후 'SpaceShipSet (original-size).zip' 파일을 다운로드 받습니다.

쉘 이용

- 터미널을 열어 'mkdir ~/Documents/Scratch\Projects/Airplane/SpaceShip\Sprites'를 입력하여 압축파일을 풀 폴더를 생성합니다.
- 터미널에서 'mv ~/Downloads/SpaceShipSet\(original-size\).zip ~/Documents/Scratch\Projects/Airplane/SpaceShip\Sprites'를 입력하여 압축파일을 생성한 폴더로 옮깁니다.
- 압축을 풀기 위하여 'cd ~/Documents/Scratch\ Projects/Airplane/SpaceShip\Sprites'을 입력하여 파일을 옮겨놓은 디렉토리로 이동합니다.
- 'unzip SpaceShipSet\(original-size\).zip'을 입력하여 압축파일을 풀 수 있습니다.

File Manager 이용

- 패널 좌측 상단에 있는 'File Manager'를 실행합니다.
- 'Pi' 디렉토리 안 'Documents'→'Scratch Projects'→'Airplane'으로 이동합니다.
- 우측 패널에서 '마우스 오른쪽 버튼'을 누른 뒤 '새로 만들기'→'폴더'를 클릭한 뒤 폴더 명을 'SpaceShip Sprites'로 입력 후 '확인' 버튼을 누릅니다.
- 'Downloads' 디렉토리로 이동 후 'SpaceShipSet(original-size).zip' 파일을 'SpaceShip Sprites' 디렉토리로 끌어다 넣습니다.

---

1) http://opengameart.org/content/spaceship-set-4-pixel-art-space-ships

- 'SpaceShipSet(original-size).zip' 파일을 '마우스 오른쪽 버튼'을 누른 뒤 '여기에 풀기'를 클릭하여 압축을 풉니다.

(2) 플레이어 비행선 만들기

이번에는 다운로드 받은 비행선 스프라이트를 이용하여 마우스로 이동하고 총알을 쏘는 플레이어의 비행선을 만들 것입니다. 비행선 스프라이트를 불러오기 위하여 다음과 같이 진행합니다.

- Sprite Pane의 상단에 있는 '새로운 스프라이트 파일 선택하기' 버튼을 클릭합니다.
- '새로운 스프라이트 대화상자'에서 좌측 'pi'버튼을 클릭 후 'Documents' → 'Scratch Projects' → 'Airplane' → 'SpaceShip Sprites' 디렉토리로 이동하여 'spaceship1' 스프라이트를 불러옵니다.

스프라이트는 불러왔으나 스프라이트 뒤의 하얀 배경이 남아있어 만약 Stage에 배경이미지를 넣는다면 하얀색 바탕이 계속 보일 것입니다. 이를 제거하기 위하여 다음과 같이 진행합니다.

- 불러온 스프라이트를 클릭 후 Script Area 상단에 있는 '모양'탭을 클릭합니다.
- '모양'탭에서 'spaceship1' 항목에 있는 '편집' 버튼을 누릅니다.
- '편집' 버튼을 누르면 나오는 '그림판'에서 상단 3번째에 있는 '채우기 도구(페인트통 이미지)'를 클릭합니다.
- '색상 팔래트'에서 우측 하단 제일 끝에 있는 '투명색'을 클릭한 후 스프라이트의 하얀색 부분을 모두 지워줍니다.
- '확대' 버튼을 클릭하여 스프라이트를 적당한 크기로 키워줍니다.
- '수직으로 뒤집기' 버튼을 클릭하여 스프라이트 방향이 위쪽을 향하도록 변경합니다.
- 모두 수정되었으면 '확인'버튼을 눌러 완료합니다.

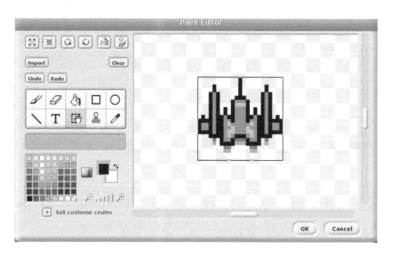

[그림 4-20] 스프라이트 편집 창

이제 비행선이 마우스를 따라오며 이동할 수 있도록 스크립트를 작성할 것입니다. 진행 과정은 다음과 같습니다.

필요한 블록들

Block Palette에서 [1] 블록을 Script Area에 끌어다놓고 계속해서 비행기가 플레이어 마우스 포인터를 따라 다녀야하기 때문에 [2] 블록을 추가하고 [3] 블록을 [2] 블록 안에 조립한 뒤 실행버튼을 눌러 비행기가 마우스를 따라다니는지 확인합니다.

[그림 4-21] 마우스 포인터 위치로 이동하는 블록 구성

마우스를 따라다니는 비행선을 만들었으니 이제는 총알 발사가 가능하도록 만들어보겠습니다. 진행 과정은 다음과 같습니다.

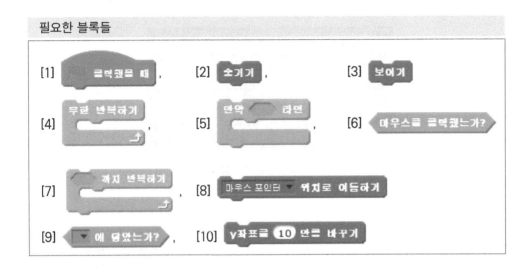

(3) 총알 만들기

• 총알 스프라이트를 만들기 위하여 Sprite Pane에서 '새로운 스프라이트 그리기' 버튼을 클릭합니다.
• '그림판'에서 첫 번째 줄 4 번째에 있는 '사각형 도구'를 선택 후 '작은 직사각형'을 그리고 '확인' 버튼을 누르면 그림판으로 그렸던 스프라이트가 생성이 됩니다.

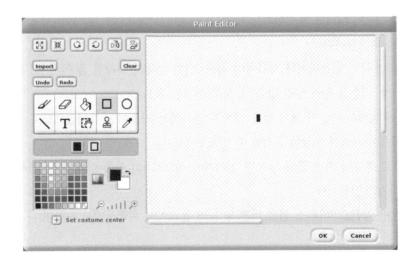

[그림 4-22] 새로운 스프라이트 만들기 대화상자

- 총알은 발사할 때만 보여야 하므로 시작하면 화면에서 보이지 않아야 합니다. 총알 스프라이트를 더블 클릭한 뒤, [1] 블록을 Script Area에 추가하고 [2] 블록을 추가하여 실행하면 시작할 때 총알 스프라이트가 없어지는 것을 볼 수 있습니다 ([그림 4-23]).

[그림 4-23] 총알을 숨기는 블록 구성

(4) 총알 발사하기

- 마우스 왼쪽 버튼을 클릭했을 때 총알이 나갈 수 있도록 기존에 조립되어 있던 블록에서 [2] 블록 아래에 마우스 왼쪽 버튼을 지속적으로 감지할 수 있도록 [4] 블록을 아래에 조립합니다.

- [4] 블록 안에 '제어' 항목의 [5] 블록을 넣고 육각형 모양 홈에 '관찰' 항목에 있는 [6] 블록을 끼워 넣습니다.

- '왼쪽 마우스 클릭'이 되었을 때 플레이어의 비행선에서 총알이 나가야하므로 총알의 위치를 바꿔 줄 필요가 있습니다. 이를 위하여 [5] 블록 안에 [8] 블록을 넣고, [3] 블록을 아래에 추가하여 총알을 보여줍니다.

- 위의 과정을 모두 마치고 실행을 누른 뒤 '마우스 왼쪽 버튼'을 누르면 총알이 플레이어 비행선에 생성이 되지만 움직이지는 않습니다. 총알을 움직이기 위하여 [3] 블록 아래에 [7] 블록을 추가합니다.

- 총알은 화면 끝까지 움직이다 사라져야 하므로 [7] 블록의 육각형 홈 안에 [9] 블록을 끼워 넣고, '▼' 버튼을 눌러 설정 값을 '벽'으로 변경합니다.

- [7] 블록에 의해서 총알이 벽에 닿을 때까지 반복하는 기능이 만들어졌으므로 블록 안에 [10] 블록을 추가하여 총알이 움직일 수 있도록 합니다.

- 마지막으로 총알이 화면 끝에 닿으면 없어져야 하므로 [7] 블록 아래에 [2] 블록을 추가하여 사라지게 만듭니다.

- 실행 버튼을 누르고 '마우스 왼쪽 버튼'을 눌러 플레이어 비행선에서 총알이 나가는지 확인합니다.

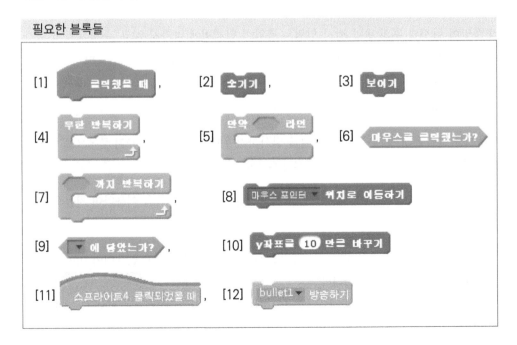

[그림 4-24] 총알이 나가게 하는 블록 구성

위의 과정이 정상적으로 끝났다면, 비행선이 플레이어의 마우스 포인터를 따라다니며 마우스 왼쪽 버튼 클릭을 했을 때 총알 한발을 발사하는 것을 볼 수 있습니다. 하지만 연속으로 마우스 왼쪽 버튼을 눌러도 총알이 단 한발 밖에 나가지 않는 것을 알 수 있습니다. 이번에는 이런 문제점을 해결하여 여러 발의 총알을 발사할 수 있도록 만들어보겠습니다. 진행 과정은 다음과 같습니다.

필요한 블록들

[1] 클릭했을 때 , [2] 숨기기 , [3] 보이기

[4] 무한 반복하기 , [5] 만약 ~라면 , [6] 마우스로 클릭했는가?

[7] ~까지 반복하기 , [8] 마우스 포인터▼ 위치로 이동하기

[9] ▼ 에 닿았는가? , [10] y좌표를 10 만큼 바꾸기

[11] 스프라이트4 클릭되었을 때 , [12] bullet1▼ 방송하기

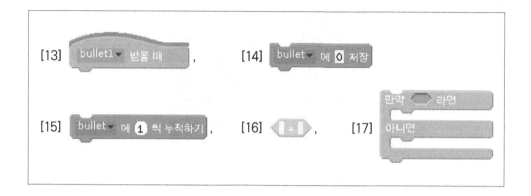

(5) 총알 여러 발 발사하기

총알을 여러 발 발사하는 과정은 [그림 4-25]로 요약할 수 있습니다.

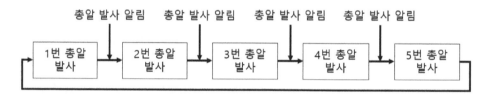

[그림 4-25] 여러 발의 총알을 발사하기 위한 기능 구성

각 총알이 발사된 후의 총알 발사 알림은 총알이 한꺼번에 나가지 않고 '순차적으로' 나가게끔 하는 역할을 합니다. 이 역할은 블록 [12], [13]으로 구현할 수 있습니다. [12], [13] 블록은 '▼' 버튼을 눌러 방송할 내용을 설정해줄 수 있습니다. 구분을 위해 이 책에서는 'bullet1', 'bullet2', 'bullet3', 'bullet4', 'bullet5'으로 설정하였습니다.

마우스를 클릭했을 때 각 각 다른 총알을 발사하기 위해선 [15], [16], [17] 블록으로 이번차례에 '어떤 총알'을 발사해야하는지 구분해주어야 합니다.

마지막 번째 총알에서 다시 1번 총알을 발사하기 위해선 [14] 블록을 이용하여 처음으로 되돌아가야 합니다.

[그림 4-25]와 위의 내용을 바탕으로 총알을 여러 발 발사하기 위한 플레이어 비행선의 블록 구성은 [그림 4-26]과 같습니다.

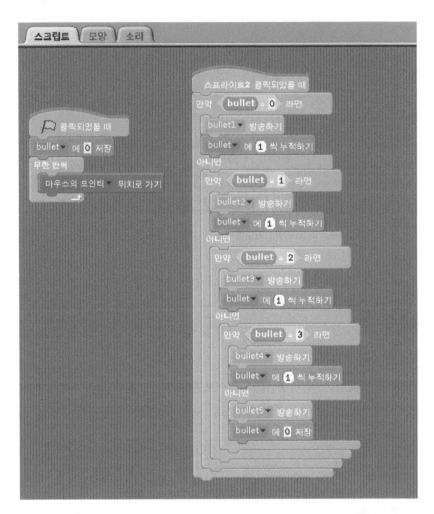

[그림 4-26] 총알 여러 발 발사하기 위한 플레이어 비행선의 블록 구성

플레이어 비행선에서 발사 명령을 내렸으니 [그림 4-24]에서 설정한 총알 스프라이트의 기능을 [그림 4-26]의 기능과 맞물리도록 수정해야합니다. 수정한 블록은 [그림 4-27]과 같이 [13] 블록을 이용해 플레이어 비행선에서 방송한 내용을 받을 수 있습니다.

[그림 4-27] 기능에 맞물리도록 수정된 총알 스프라이트의 블록 구성

이제 남은 작업은 총알 스프라이트에 오른쪽 클릭을 하여 '복사' 버튼을 누르고, 여러 개의 총알 스프라이트를 복사한 뒤, [13] 블록의 내용을 각 순서에 맞게 설정합니다.

(6) 임의로 나타나는 적 비행선 만들기

이번에는 임의로 나타나는 적 비행선을 만들어보겠습니다. 이전에 플레이어 비행선 스프라이트를 불러온 것처럼, 외부에서 적 비행선으로 사용할 스프라이트를 하나 불러오고 스크립트 블록을 작성합니다.

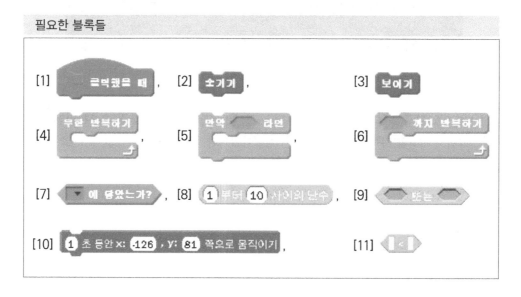

불러온 적 비행선이 움직이고, 총알을 맞았을 때 없어지는 기능을 만든 블록 구성은 [그림 4-28]과 같습니다.

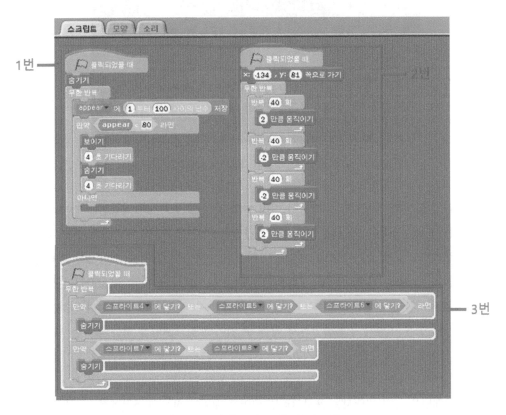

[그림 4-28] 총알 피격 기능 블록 구성

- 1번 : 적이 임의로 출현할 확률을 정합니다. 임의의 수를 1에서부터 100 사이의 수를 생성한 뒤, 생성한 수가 80 미만이면 적 비행기를 출현 시킵니다.
- 2번 : 적 비행선을 좌/우로 움직입니다.
- 3번 : 5개의 총알 중 하나라도 맞는다면, 비행선을 없앱니다.

총알 또한 적 비행선과 닿으면 사라져야 하므로 [그림 4-27] 블록 구성에 [2], [4], [5], [7] 블록을 추가하여 기능을 구현합니다[그림 4-29].

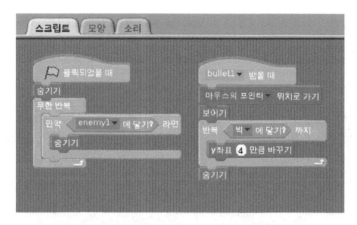

[그림 4-29] 적 비행선에 닿으면 사라지는 총알 기능 블록 구성

이상의 과정을 통해 플레이어 비행선이 여러 발의 총알을 쏘고, 적 비행선을 격추하는 기능을 만들어 보았습니다. 스크래치는 이렇게 간단한 기능 블록들의 구성으로 원하는 게임이나 프로그램들을 만들 수 있습니다. 또한 자신이 만든 프로그램을 스크래치 홈페이지[2]에 공유할 수도 있고, 반대로 다른 사람들이 올린 프로젝트를 공유할 수 있습니다. 스크래치 공식 홈페이지에 공개된 프로젝트는 내부를 확인할 수 있기 때문에 자신이 원하는 기능을 다른 사람들은 어떻게 구현하였는지 배울 수 있어 프로그래밍을 처음 접하는 초보자들의 실력 향상을 돕고 있습니다. 하지만, 스크래치는 세밀한 프로그래밍을 하기 어렵고, 스크래치에서 제공하는 블록들로만 기능을 만들어야 하기 때문에 제한적입니다. 보다 자유롭게 프로그래밍을 하기 위해서는 프로그래밍 언어를 배워야 하는데, 5장에서 파이썬을 공부하겠습니다.

---

2) https://scratch.mit.edu/

파이썬

- 파이썬 컴퓨터 언어에 대해서 이해한다.
- 파이썬 언어의 기본 자료형을 이해한다.
- 파이썬 언어를 이용한 컴퓨터 프로그래밍 방법을 공부한다.

이 장에서는 컴퓨터언어인 파이썬에 대해서 공부하겠습니다. 4장에서 공부하였던 스크래치로는 간단한 프로그램은 쉽게 만들 수 있었지만, 정해진 블록 이외의 명령들은 사용하지 못하여 세부적인 프로그래밍은 하기 어려웠습니다. 하지만 파이썬을 이용하면 다양한 라이브러리와 함께 원하는 프로그램을 세부적으로 구현할 수 있습니다.

5.1 파이썬 이란?

파이썬(Python)은 1990년도에 귀도 반 로섬(Guido Van Rossum)이란 네덜란드 출신 컴퓨터 프로그래머가 개발한 인터프리터* 언어입니다. 1989년 크리스마스 휴가기간 동안 연구실이 닫혀있어 심심했기 때문에 프로그래밍 언어를 만들었다고 하며, 자신이 즐겨 보던 영국 코미디 6인조 그룹 몬티 파이썬(Monty Python)으로 부터 이름을 빌려 프로그래밍 언어의 이름을 '파이썬'으로 지었다고 합니다.

- 인터프리터: 인터프리터 언어란 한 줄씩 소스 코드를 실시간으로 해석하고 실행해서 결과를 바로 알 수 있는 언어를 말합니다.

5.1.1 파이썬의 특징

파이썬의 특징들을 정리하면 다음과 같습니다.

(1) 다양한 라이브러리

라이브러리란 자주 사용하는 처리 과정을 프로그램으로 미리 준비해놓고 언제든지 사용자가 필요할 때 쓸 수 있도록 만든 것을 말합니다. 파이썬에는 개발자의 편의를 위하여 이러한 라이브러리들이 상당히 많이 개발되어 있습니다. 어떤 라이브러리들이 있는지 알고 싶으면 파이썬 공식 사이트(https://www.python.org/)([그림 5-1])의 Documentation 페이지에서 확인할 수 있습니다. 파이썬의 기초 문법을 익힌 후 본격적으로 프로그래밍을 할 때 얼마나 라이브러리의 종류와 사용법에 대해서 알고 있는지에 따라 프로그램 개발 속도가 달라지기 때문에 다양한 라이브러리들에 대해서 아는 것이 중요합니다.

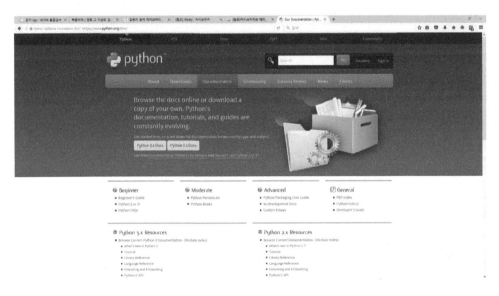

[그림 5-1] 파이썬 홈페이지

(2) 인터프리터 언어

파이썬은 인터프리터 언어이기 때문에 대화식 프로그래밍이 가능합니다. 대화식 프로그래밍이란 개발자가 코드를 입력하면 그 즉시 컴퓨터로부터 결과를 받아볼 수 있는 것을 의미합니다. 이런 특성 때문에 현재 코드가 잘못 되었는지, 진행은 제대로 되어가고 있는지 즉시 확인이 가능하여 프로그램 개발에 굉장히 편리합니다.

(3) 들여 쓰기로 블록 구조를 표현함

파이썬과 다른 언어들 중 가장 두드러지게 차이가 나는 점이라면 바로 코드의 들여 쓰기를 통해 블록 구조를 표현한다는 것입니다. 한눈에 보기 쉽게 C 언어와 파이썬의 코드를 비교해 보겠습니다.

[코드 5-1] C 언어의 블록 표현

```
a = 1;     // C 언어는 코드가 끝날 때마다 ;(세미콜론)을 붙여야 합니다.
b = 0;

// C 언어는 {}(중괄호)를 통해 코드의 시작과 끝을 감싸는 구조입니다.
if ( a > b )
{
   printf("Hello World 1!");
}
else
{
   printf("Hello World 2!");
}
```

[코드 5-2] 파이썬의 블록 표현 (파이썬 2.X)

```
a = 1
b = 0

if a > b:
    print 'Hello World 1!'
else:
    print 'Hello World 2!'
```

두 코드는 간단히 a 변수와 b 변수의 숫자를 비교하여 a 변수가 크면 'Hello World 1!'라는 문장을 출력하고, b 변수의 수가 더 크면 'Hello World 2'라고 출력하는 예제입니다. [코드 5-1]은 C 언어로 작성했을 때의 코드이고, 조건에 따라 'Hello World 1!'과 'Hello World 2!' 문장을 '{ }(중괄호)'로 구분해주고 있습니다. 이어 [코드 5-2]는 파이썬으로 작성한 코드이며 각 'Hello World 1!'과 'Hello World 2!' 두 문장을 들여쓰기를 통해 구분해 주고 있습니다. C 언어의 코드 또한 들여쓰기를 통해 가독성을 높일 순 있지만, 파이썬처럼 강제적으로 들여쓰기를 문법적으로 지원하지는 않습니다.

5.1.2 파이썬의 2.X 버전과 3.X 버전 중 무엇을 고를까?

파이썬은 2.X 버전과 3.X 버전 두 가지가 있고, 각 버전마다 문법과 특징이 조금씩 다르므로 개발하기 전 버전 선택은 중요합니다. 어떤 버전을 선택하여야 하는가에 대하여 각 버전의 특징을 살펴보겠습니다. 파이썬 2.X 버전과 3.X 버전의 몇가지 대표적인 차이는 다음과 같습니다.

파이썬 2.X 와 파이썬 3.X 버전의 차이
- 3.X 버전부터 print가 함수 형태로 변경되었습니다.

[코드 5-3] print 사용법

```
# 2.X 버전
print 'Hello World!'
----------------------------------------------------------------
# 3.X 버전
print ('Hello World!')
```

- 3.X 버전부터 long 자료형이 없어지고 int 자료형으로 모두 통합되었습니다.

[코드 5-4] int 자료형의 표현

```
# 2.X 버전
print 2**40
1099511627776
print type(2**40)
<type 'long'>
```

```
-----------------------------------------------------------------
# 3.X 버전
print (2**40)
1099511627776
print (type(2**40))
⟨type 'int'⟩
```

- (3.X 버전부터) unicode 자료형이 없어지고 str 자료형으로 모두 통합되었습니다.

[코드 5-5] str 자료형과 unicode 자료형의 표현

```
# 2.X 버전
print type('Hello World!')
⟨type 'str'⟩
print type(u'Hello World!')
⟨type 'unicode'⟩
-----------------------------------------------------------------
# 3.X 버전
print (type('Hello World!'))
⟨type 'str'⟩
print (type(u'Hello World!'))
⟨type 'str'⟩
```

- 3.X 버전부터 int 자료형의 나누기 결과가 float 자료형으로 표현됩니다.

[코드 5-6] int 자료형의 나눗셈 표현

```
# 2.X 버전
print 3/2
1
print type(3/2)
⟨type 'int'⟩
```

```
------------------------------------------------------------------
# 3.X 버전
print (3/2)
1.5
print (type(3/2))
⟨type 'float'⟩
```

이 두 가지 버전 중 어떤 것을 선택하는 것이 좋을지 결정하기 위하여 2.X 버전과 3.X 버전의 장·단점에 대해서 알아보겠습니다. [표 5-1]의 내용을 요약하면 파이썬 2.X 버전은 오랫동안 표준이었기 때문에 모든 파이썬 라이브러리들이 원활하게 작동되고 안정성이 뛰어나지만, 언어의 유지보수나 보안성 업데이트 등의 사후 지원은 2020년에 완전히 중단됩니다. 반면 파이썬 3.X 버전은 현재 2.X 버전의 주요 라이브러리들 중에서 아직 지원이 되지 않고 있는 것들이 있어 불편한 점이 있지만, 앞으로 계속 유지보수와 업그레이드가 이루어지고 있고, 여러 새로운 문법들이 추가되면서 점차 개선되고 있습니다.

[표 5-1] 파이썬 2.X 버전과 3.X 버전의 장·단점 비교

버전	장점	단점
2.X	• 많은 수의 라이브러리 함수 지원 • 오랫동안 파이썬 프로그램의 표준 버전이었음.	• 2020년 이후 보안성 업데이트 및 유지보수 지원 중단
3.X	• 지속적인 유지보수와 새로운 기능들이 추가됨.	• 모든 Python 2.X 라이브러리들이 3.X 버전에서 실행되지 않음

주의 이 책에서 다루는 파이썬 버전

6장에서는 외부 센서들을 다루고 있으므로 SPI 및 I2C 라이브러리를 사용합니다. 이 라이브러리 함수들은 현재 파이썬 3.X에서는 동작하지 않으므로 2.X 버전을 사용합니다.

5.2 Hello World!

본격적으로 파이썬 프로그래밍을 시작하기 전에 파이썬 코드 작성을 위한 프로그램을 실행하여야 합니다. 프로그램 위치는 [Menu]→[개발]에 있고 'Python 2(IDLE)'을 실행합니다.

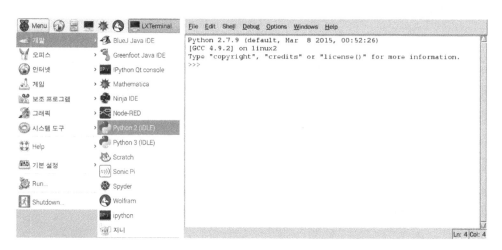

[그림 5–2] Python 2(IDLE) 위치와 실행화면

Python 2 IDLE을 실행하고 난 후 나타나는 대화형 쉘*에서 다음과 같이 입력하여 'Hello World!' 문장이 정상적으로 출력되는지 확인합니다. [그림 5–3]처럼 'Hello World!' 문장이 정상적으로 출력된다면, 본격적으로 파이썬 프로그래밍을 시작할 준비가 되었습니다.

[코드 5–7] 'Hello World!' 문장 출력하기

```
print 'Hello World!'
```

용어
해설
　• 대화형 쉘: 대화형 쉘이란 사용자가 코드를 입력했을 때 실시간으로 결과를 볼 수 있는 파이썬의 프롬프트입니다.

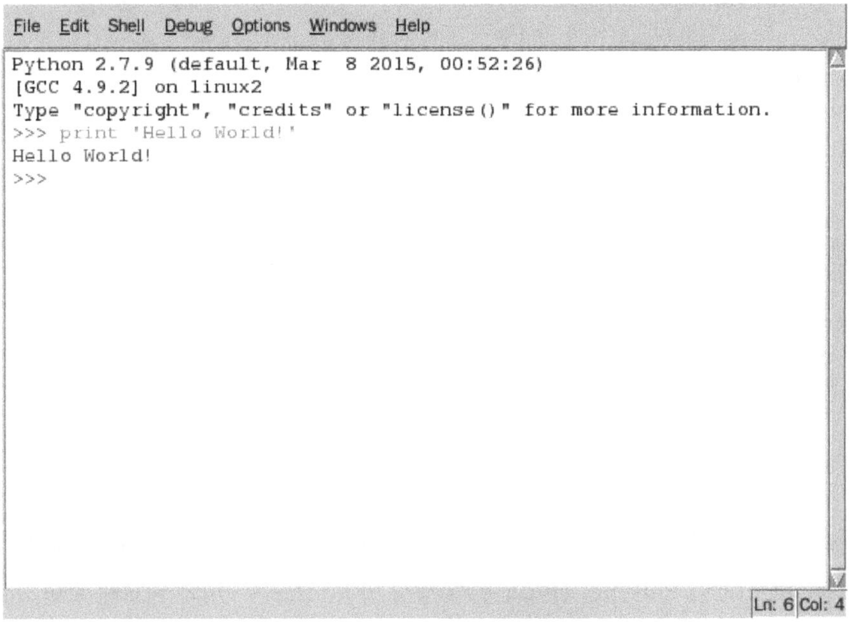

```
 File  Edit  Shell  Debug  Options  Windows  Help
Python 2.7.9 (default, Mar  8 2015, 00:52:26)
[GCC 4.9.2] on linux2
Type "copyright", "credits" or "license()" for more information.
>>> print 'Hello World!'
Hello World!
>>>




                                                           Ln: 6 Col: 4
```

[그림 5-3] 'Hello World' 문장의 출력

5.3 파이썬 기본 자료형

이번에는 프로그래밍의 가장 기초가 되는 기본 자료형에 대해서 알아보겠습니다. 기본 자료형을 모르고 프로그래밍을 하는 것은 마치 밑그림 없이 그림을 그리는 것이라 할 수 있습니다. 밑그림 없이도 그림을 그릴 수는 있겠지만, 그림이 엉망이 될 가능성이 높습니다. 프로그래밍도 그림 그리는 일과 마찬가지로 기초가 튼튼하지 않으면 완성된 프로그램이 엉망이 될 수 있습니다. 따라서 모든 언어를 학습할 때는 언어의 기본 자료형의 종류와 적절한 사용법을 반드시 숙지하고 학습하는 것이 효과적입니다.

5.3.1 변수

자료형에 대해서 배우기 전 변수에 대해서 알아보겠습니다. 변수란 어떤 자료형을 가진 데이터를 담아두는 저장공간을 의미합니다. 변수를 생성하기 위해서는 '='의 기호를 이용하여 생성할 수 있고, '변수명=값'의 형식으로 작성되어야 합니다.

[코드 5-8] 파이썬에서의 변수 생성

```
a = 123
b = 'abc'
...
```

[코드 5-9] C 언어에서의 변수 생성

```
int a = 1234;
int b = 234;
char c = 'b';
...
```

파이썬의 변수 생성방식([코드 5-8])을 보면 다른 언어들과 조금 다른 점이 있습니다. 가장 대표적인 프로그래밍 언어인 C 언어의 변수 생성 방식([코드 5-9])와 비교해 보면, 파이썬은 자료형을 지정해 주지 않아도 알아서 지정되지만, C 언어에서는 변수명 앞에 자료형을 지정해 주고 반드시 그 자료형에 맞는 값을 할당해 주어야 하는 차이가 있습니다. 변수를 생성하기 위해서 따라야 하는 변수명 작성 규칙은 다음과 같습니다.

(1) 영문자 (대 · 소문자 구분), 숫자, _(언더바)로 구성되어야 합니다.

```
number = 123          ( O )
Number = 1234         ( O )
My_Number = 123       ( O )
number? = 1234        ( X )
```

(2) 첫 번째 자리에 숫자가 들어올 수 없습니다.

```
number = 123          ( O )
123number = 123       ( X )
```

(3) 예약어는 사용할 수 없습니다.

예약어(Reserved Words)란 이미 문법적인 용도로 사용되고 있는 특정한 단어들을 말합니다. 파이썬의 예약어 목록은 다음과 같습니다.

[표 5-2] 파이썬 예약어 목록

and	assert	break	class	continue	def
del	elif	else	except	exec	finally
for	from	global	if	import	in
is	lambda	not	or	pass	print
raise	return	try	while	with	yield

5.3.2 숫자 자료형

숫자 자료형이란 숫자 형태로 이루어진 자료형을 뜻합니다. 파이썬에는 정수, 실수, 복소수 , 8진수, 16진수 등의 숫자 자료형들이 있고, 각 숫자 자료형의 표현 방법들을 요약하면 [표 5-3]과 같습니다.

[표 5-3] 숫자 자료형별 표현 방법

구분	표현 방법
정수 (Integer)	···, −3, −2, −1, 0, 1, ,2, 3, ···
실수 (Real Number)	···, −3.123, −2.12345, −1.1, 0.0, 1.101, ···
복소수 (Complex Number)	···, 2−3j, 5+3j, ···
8진수 (Octal Number)	···, 0o12, 0o35, 0o66, ···
16진수 (Hexadecimal Number)	···, 0x90, 0x4A, 0xFF, 0xAB, ···

[표 5-4] 정수와 실수형의 표현 범위

구분		표현 범위
정수 (Integer)	최대값	2,147,483,647
	최소값	−2,147,483,648
실수 (Real Number)	최대값	$1.7976931348623157 \times 10^{308}$
	최소값	$2.2250738585072014 \times 10^{-308}$

이어 각 숫자 자료형의 자세한 설명과 쓰임새를 차례대로 알아보도록 하겠습니다.

(1) 정수형(Integer)

정수형은 자연수와 0, 그리고 -(마이너스) 기호를 붙인 수입니다. 실제 정수는 -∞ ~ ∞의 모든 음의 정수와 0, 양의 정수를 포함하지만, 컴퓨터의 메모리는 한계가 있기에 모든 수를 표현할 수 없습니다. 그래서 모든 숫자 자료형은 수 표현 범위가 제한되어 있습니다. 이를 확인하기 위하여 대화형 쉘에 다음과 같이 입력합니다.

[코드 5-10] 정수형의 표현범위

```
import sys
print sys.maxint
print -sys.maxint-1
```

```
File  Edit  Shell  Debug  Options  Windows  Help
Python 2.7.9 (default, Mar  8 2015, 00:52:26)
[GCC 4.9.2] on linux2
Type "copyright", "credits" or "license()" for more information.
>>> import sys
>>> print sys.maxint
2147483647
>>> print -sys.maxint - 1
-2147483648
>>>
```

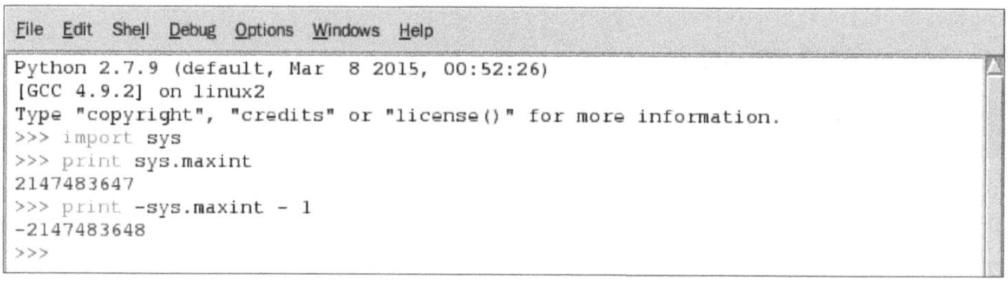

[그림 5-4] 라즈베리파이에서 허용되는 정수형의 범위

위의 코드 실행 결과로 알 수 있듯이 라즈비안 내의 최대 정수 표현의 범위는 2,147,483,647 이며, 최소 정수 표현의 범위는 -2,147,483,648 입니다. 이어 정수형의 데이터를 저장하는 법에 대해서 알아보도록 하겠습니다. 정수형 데이터를 저장하기 위해서는 [코드 5-11]과 같이 '변수명 = 자연수'로 데이터를 저장합니다. 소수점이 들어가게 되면, 실수형으로 인식하게 되므로 주의합니다.

[코드 5-11] 정수형 데이터의 저장 방법

```
intNumber1 = 1        # intNumber1 변수에 1을 저장
intNumber2 = 2        # intNumber2 변수에 2를 저장
```

> **▋ 주의 | 정수형 long 자료형에 대해서**
>
> 파이썬 2.X 버전에서는 정수형에 int 자료형 외에도 long 이라는 특별한 자료형 역시 같이 존재합니다. long 자료형은 int 자료형보다 더 큰 수를 나타낼 때 사용하며 int와 달리 정해진 범위 한계가 없으며, 메모리가 허락하는 한도까지 수를 나타낼 수 있습니다. 이러한 애매한 점을 없애고자 파이썬 3.X 버전에서는 int 자료형과 long 자료형을 따로 분리하지 않고 정수형은 int 형으로 통일하였습니다.

(2) 실수형(Real Number)

실수란 유리수와 무리수 전체를 총칭하여 확장한 수이지만, 컴퓨터에서 실제 정수형과 같이 모두 나타낼 수는 없으므로 부동 소수점 (Floating Point) 방식으로 표현합니다. 부동 소수점 방식이란 실생활에서 자주 보는 고정 소수점 (Fixed Point) 방식과는 조금 다르게 소수점 위치를 고정하지 않고 소수점의 위치를 나타내는 수를 따로 적어 실수를 표현하는 방식을 말합니다. 파이썬에서는 실수형 데이터를 생성하기 위해서 고정 소수점 방식과 부동 소수점 방식 모두 사용할 수 있으며 표현 방식은 다음과 같습니다.

[코드 5-12] 실수형 데이터의 저장 방법

```
floatNumber1 = 1.234        # floatNumber1 변수에 1.234을 저장
floatNumber2 = 2.23e100     # floatNumber2 변수에 2.23×10^100를 저장
floatNumber3 = 3.234e-100   # floatNumber3 변수에 3.234×10^-100를 저장
```

[코드 5-12]와 같이 실수형 데이터를 생성할 때 고정 소수점 방식과 부동 소수점 방식이 모두 가능하며 부동 소수점 방식을 사용할 시에 들어가는 'e'는 대·소문자 모두 상관없이 사용 가능합니다. 파이썬 실수형의 범위를 알아보기 위해서는 [코드 5-13]과 같이 입력하여 알아낼 수 있습니다.

[코드 5-13] 실수형의 표현범위

```
import sys
print sys.float_info
```

```
File  Edit  Shell  Debug  Options  Windows  Help

Python 2.7.9 (default, Sep 17 2016, 20:26:04)
[GCC 4.9.2] on linux2
Type "copyright", "credits" or "license()" for more information.
>>> import sys
>>> sys.float_info
sys.float_info(max=1.7976931348623157e+308, max_exp=1024, max_10_exp=308, min=2.
2250738585072014e-308, min_exp=-1021, min_10_exp=-307, dig=15, mant_dig=53, epsi
lon=2.220446049250313e-16, radix=2, rounds=1)
>>>
```

[그림 5-5] 실수형 표현 범위 정보

라즈비안에서 나타낼 수 있는 실수형의 표현범위는 [그림 5-5]에서처럼 'max'와 'min'에 적힌 속성 값이며, [그림 5-5]을 보면 최대 '$1.7976931348623157 \times 10^{308}$' 만큼, 최소 '$2.2250738585072014 \times 10^{-308}$'만큼 표현할 수 있다는 것을 알 수 있습니다.

> ⏳ **무한대 표현에 대해서**
>
> 실수형 자료형의 범위는 정수형보다 훨씬 더 넓은 범위의 수를 표현할 수 있지만, 메모리의 한계 때문에 실수형 자료형 역시 무한대를 표현할 수 없습니다. 파이썬에서는 이러한 제약사항을 극복해보고자 float('inf')란 함수가 존재합니다.

[코드 5-14] 무한대 값의 생성

```python
infValue = float('inf')   # infValue 변수에 무한대 값 저장
```

(3) 복소수형(Complex Number)

복소수란 실수와 허수의 합으로 이루어지는 수입니다. 허수란 $x^2 = -1$를 만족하는 x값을 '허수'라고 합니다. 파이썬에서는 이것을 $x = j$로 나타내고, 숫자 뒤에 대문자 혹은 소문자 'j'를 붙여 표현하고, 'complex()' 함수를 이용하여 복소수를 생성할 수도 있습니다.

[코드 5-15] 실수형 데이터의 저장 방법

```python
cpNumber1 = 3+3J            # cpNumber1 변수에 3+3i 복소수 저장

cpNumber2 = 3+3j            # cpNumber2 변수에 3+3i 복소수 저장

cpNumber3 = complex(3, -2)  # cpNumber3 변수에 3-2i 복소수 저장

cpNumber4 = complex(4, 5)   # cpNumber3 변수에 4+5i 복소수 저장
```

복소수로 지정한 변수는 '.imag'와 '.real'이란 속성으로 실수부와 허수부를 따로 얻어낼 수 있고, 'conjugate()'란 함수를 이용해서 켤레복소수를 구할 수 있습니다.

[코드 5-16] 복소수에서 실수부와 허수부를 따로 얻어내기

```
cpNumber1 = 3+3J              # cpNumber1 변수에 3+2i 복소수 저장
cpNumber1.imag                # cpNumber1의 허수부를 얻어냄
cpNumber1.real                # cpNumber1의 실수부를 얻어냄
cpNumber1.conjugate()         # cpNumber1의 켤레복소수를 구함
```

```
File  Edit  Shell  Debug  Options  Windows  Help

Python 2.7.9 (default, Sep 17 2016, 20:26:04)
[GCC 4.9.2] on linux2
Type "copyright", "credits" or "license()" for more information.
>>> cpNumber1 = 3+2j
>>> cpNumber1.imag
2.0
>>> cpNumber1.real
3.0
>>> cpNumber1.conjugate()
(3-2j)
>>>
```

[그림 5-6] 복소수 정보를 얻어내는 속성과 메소드

(4) 8진수형(Octal Number)

8진수란 0부터 7까지로만 이루어져 있는 수 입니다. 8진수를 나타내기 위해서는 반드시 저장할 수 앞에 '0o(알파벳 o)'를 적어야 하며 '알파벳 o'는 대·소문자 구분 없이 사용가능합니다. 또한 '0o' 뒤에 들어가는 수는 8진법에 의해 0부터 7까지로 이루어진 숫자로만 작성되어야 합니다. 예를 들어 '0o98'와 같은 데이터는 작성할 수 없습니다. 데이터를 저장하기 위하여 [코드 5-17]과 같이 작성합니다.

[코드 5-17] 8진수형의 데이터 저장 방법

```
octNumber1 = 0o13             # octNumber1 변수에 8진수 13을 저장
octNumber2 = 0o15             # octNumber2 변수에 8진수 15를 저장
```

(5) 16진수형(Hexadecimal Number)

16진수란 0부터 9까지의 숫자와 10부터 15까지의 수에 해당하는 A부터 F까지의 알파벳으로 구성되어 있는 수를 뜻합니다. 16진수를 생성하기 위해서는 생성할 수 앞에 '0x'를 붙여 생성합니다. '알파벳 x'는 대·소문자 구분 없이 사용가능하고, 뒤에 들어가는 수는 16진수에 포함되는 수로 작성 가능합니다. 예를 들어 '4F'란 데이터를 생성하기 위해서는 '0x4F'나 '0X4F'로 구분 없이 작성이 가능합니다.

[코드 5-18] 16진수형의 데이터 저장 방법

```
hexNumber1 = 0x4F          # octNumber1 변수에 16진수 4F을 저장
hexNumber2 = 0X4F          # octNumber2 변수에 16진수 4F를 저장
```

5.3.3 숫자 자료형 연산자

이번에는 위의 언급된 숫자 데이터를 이용하여 연산을 하는 연산자에 대해서 알아보도록 하겠습니다.

(1) 사칙연산

가장 기본적인 사칙연산은 덧셈(+), 뺄셈(−), 곱셈(*), 나눗셈(/)으로 구성되어있습니다. 나눗셈의 경우 정수형끼리 나눗셈을 하면 그 결과 또한 정수형으로 나오며, 좀 더 정확한 값을 원한다면 실수를 포함하여 식을 작성하여야 합니다.

[코드 5-19] 사칙연산의 사용

```
result = 3 + 2          # 3과 2를 더하여 result 변수에 저장
result2 = 3 - 2         # 3에서 2를 빼서 result2 변수에 저장
result3 = 3 * 2         # 3과 2를 곱하여 result3 변수에 저장
result4 = num1 / num2   # 정수형 3에서 정수형 2를 나누어 result4 변수에 저장
result5 = num3 / num2   # 실수형 3.0에서 2를 나누어 result5 변수에 저장

print result, result2, result3, result4, result5   # 결과 출력
# result : 5, result2 : 1, result3 : 6, result4 : 1, result5 : 1.5
```

```
File  Edit  Shell  Debug  Options  Windows  Help
Python 2.7.9 (default, Sep 17 2016, 20:26:04)
[GCC 4.9.2] on linux2
Type "copyright", "credits" or "license()" for more information.
>>> result = 3 + 2
>>> result2 = 3 - 2
>>> result3 = 3 * 2
>>> result4 = 3 / 2
>>> result5 = 3.0 / 2
>>> print result, result2, result3, result4, result5
5 1 6 1 1.5
>>>
```

[그림 5-7] 사칙 연산 결과

(2) 제곱 연산자

파이썬에서는 다른 언어에 없는 연산자를 가지고 있는데, 바로 '제곱 연산자'와 '나머지 버림 연산자'입니다. 먼저 알아볼 것은 '제곱 연산자'입니다. 제곱 연산자의 기호는 '**'이며 '밑**지수'로 작성합니다. 예를 들어 2^5을 표현하기 위해서는 '2**5'로 작성합니다.

[코드 5-20] 제곱 연산자의 사용

```
result = 2**2        # result 변수에 2²를 저장
result2 = 3**2       # result2 변수에 3²를 저장
print result, result2    # 결과 출력
# result : 4, result2 = 9
```

```
File  Edit  Shell  Debug  Options  Windows  Help
Python 2.7.9 (default, Sep 17 2016, 20:26:04)
[GCC 4.9.2] on linux2
Type "copyright", "credits" or "license()" for more information.
>>> result = 2**2
>>> result2 = 3**2
>>> print result, result2
4 9
>>>
```

[그림 5-8] 제곱 연산 결과

(3) 나머지 연산자

나머지 연산자는 나눗셈을 한 뒤의 나머지를 구하는 연산자이고, 기호는 '%'를 사용합니다. 나머지 연산자의 사용 예를 들면, '11%2'을 계산하면 값은 '11÷2'의 나머지 값인 1을 저장하게 됩니다.

[코드 5-21] 나머지 연산자의 사용

```
result = 11%2          # result 변수에 11과 2를 나눈 나머지 값을 저장
result2 = 13%5         # result 변수에 13과 2를 나눈 나머지 값을 저장
print result, result2  # 결과 출력
# result : 1, result2 : 3
```

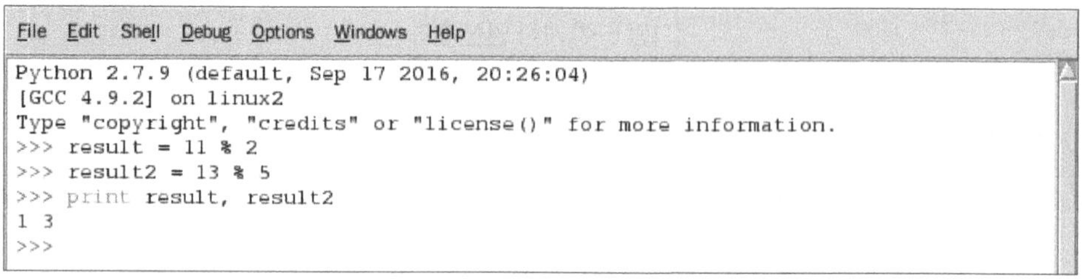

```
File  Edit  Shell  Debug  Options  Windows  Help
Python 2.7.9 (default, Sep 17 2016, 20:26:04)
[GCC 4.9.2] on linux2
Type "copyright", "credits" or "license()" for more information.
>>> result = 11 % 2
>>> result2 = 13 % 5
>>> print result, result2
1 3
>>>
```

[그림 5-9] 나머지 연산자의 실행 결과

(4) 나머지 버림 연산자

나머지 버림 연산자 또한 제곱 연산자와 마찬가지로 파이썬에만 있는 연산자이고, 기호는 '//'를 사용합니다. 나머지 버림 연산자의 사용 예는 '11//2'를 계산하면, 몫인 5만 계산됩니다.

[코드 5-22] 나머지 버림 연산자의 사용

```
result = 11//2         # result 변수에 11과 2를 나눈 나머지 값을 저장
result2 = 13//5        # result 변수에 13과 2를 나눈 나머지 값을 저장
print result, result2  # 결과 출력
# result : 5, result2 : 2
```

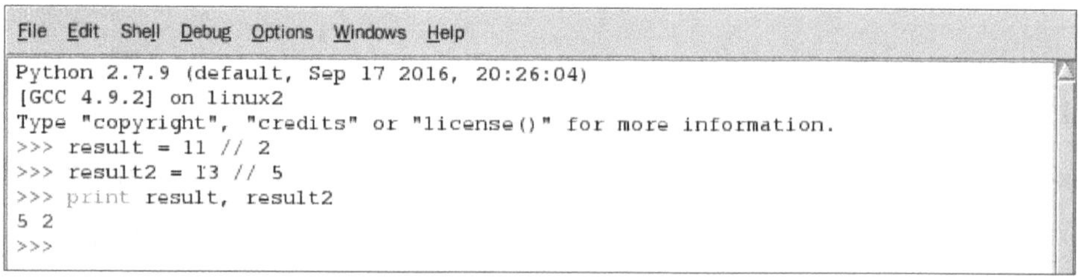

```
File  Edit  Shell  Debug  Options  Windows  Help
Python 2.7.9 (default, Sep 17 2016, 20:26:04)
[GCC 4.9.2] on linux2
Type "copyright", "credits" or "license()" for more information.
>>> result = 11 // 2
>>> result2 = 13 // 5
>>> print result, result2
5 2
>>>
```

[그림 5-10] 나머지 버림 연산자 사용 결과

5.3.4 문자열 자료형

문자열(string) 자료형이란 일련의 문자나 단어들의 집합체인 자료형입니다. 이번에는 문자열 자료형을 생성하는 법을 배우고 파이썬의 강력한 문자열 처리 기능들을 알아보도록 하겠습니다.

(1) 문자열 자료형의 생성

문자열 자료형을 생성하기 위해서는 문자열에 ' '(작은따옴표)나 " "(큰따옴표)를 감싸 변수에 저장합니다. 예를 들어 'Hello World!'란 문자열을 변수에 저장하려면 [코드 5-23]과 같이 작성합니다.

[코드 5-23] 문자열 자료형의 생성

```
str1 = 'Hello World!'
str2 = "Hello World2!"
```

문자열은 숫자, 문자, 그리고 특수문자 등을 통해 구성될 수 있지만, 문자열 자체에 작은·큰 따옴표를 포함하고 싶다면 특수기호 \(백슬래쉬)를 반드시 앞에 붙여주어야 문자열로 인식이 됩니다. 작은·큰 따옴표를 포함한 문자열의 생성 방식은 [코드 5-24]와 같습니다.

[코드 5-24] 따옴표를 포함한 문자열의 생성

```
str1 = '\'Hello World!\''        # 작은 따옴표를 포함한 'Hello World!' 저장
str2 = "\"Hello World!\""        # 큰 따옴표를 포함한 "Hello World!" 저장
```

```
File  Edit  Shell  Debug  Options  Windows  Help
Python 2.7.9 (default, Sep 17 2016, 20:26:04)
[GCC 4.9.2] on linux2
Type "copyright", "credits" or "license()" for more information.
>>> str1 = '\'Hello World!\''
>>> str2 = '\"Hello World!\"'
>>> print str1
'Hello World!'
>>> print str2
"Hello World!"
>>>
```

[그림 5-11] 따옴표를 포함한 문자열의 생성 결과

문자열을 생성할 때, 경우에 따라서 한 변수 안에 여러 줄을 포함하는 문장을 만들어야할 때도 있습니다. 이럴 때 사용하는 것이 바로 이스케이프 문자★입니다. 이스케이프 문자 중 '\n(줄바꿈 기능)'을 문자열과 합쳐 사용하면 여러 줄의 문장을 한 변수 안에 저장할 수 있습니다. '\n' 이스케이프 문자는 여러 번 연속으로 사용 가능하며 한 번 사용할 때마다 '엔터키'를 한번 치는 것과 같습니다.

[코드 5-25] 줄 바꿈을 포함한 문자열 생성 방법 (이스케이프 문자 사용)

```
str1 = 'Hello World!\nHello Python!'
print str1


"""
실행결과 :
Hello World!
Hello Python!
"""
```

```
File  Edit  Shell  Debug  Options  Windows  Help
Python 2.7.9 (default, Sep 17 2016, 20:26:04)
[GCC 4.9.2] on linux2
Type "copyright", "credits" or "license()" for more information.
>>> str1 = 'Hello World!\nHello Python!'
>>> print str1
Hello World!
Hello Python!
>>>
```

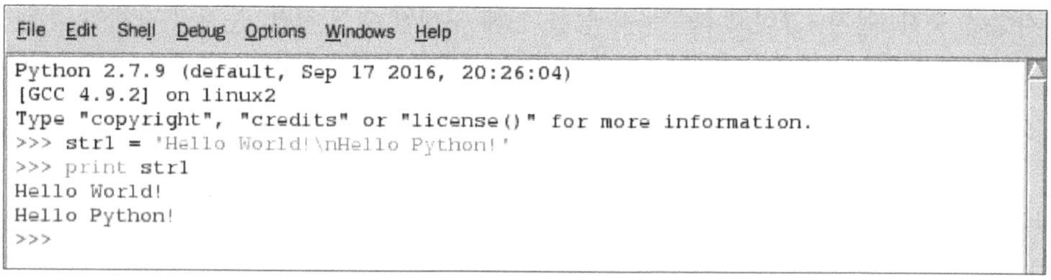

[그림 5-12] 이스케이프 문자를 사용한 줄 바꿈 문장 출력 결과

| 용어
해설 | ▪ 이스케이프 문자: 사용하는 문자 체계에서 표현할 코드가 부족할 때 사용되는 문자입니다. '\ (백슬래쉬)' 뒤의 약속된 문자와 합쳐 사용하면 특정한 기능들을 수행합니다. 이스케이프 문자 목록은 다음과 같습니다. |

코드	설명
\n	줄 바꿈 (다음 줄 처음으로 이동)
\t	수평 탭 문자 삽입
\v	수직 탭 문자 삽입
\\	\(백슬래쉬) 삽입
\"	"(큰따옴표) 삽입
\'	'(작은따옴표) 삽입
\r	같은 줄 맨 앞으로 이동 (캐리지 리턴)
\a	벨 소리 울리기
\b	백스페이스

줄 바꿈이 포함된 문장을 '\n' 이스케이프 문자를 이용하여 생성하는 것은 익숙한 사람에게는 쉬운 일이지만, 프로그래밍을 처음 입문하는 사람에게는 어려울 수 있습니다. 파이썬은 이러한 어려움을 겪을 프로그래밍 초보자에게 편한 기능을 제공해주고 있습니다. 바로 '''문장''''이나 '''문장'''처럼 '(작은따옴표)나 "(큰따옴표)를 3개씩 적어 이스케이프 문자를 몰라도 자연스럽게 문장을 생성할 수 있도록 도와줍니다. 예는 [코드 5-26]과 같습니다.

[코드 5-26] 줄 바꿈을 포함한 문자열 생성 방법 (연속 따옴표 사용)

```
str1 = """Hello World!
Hello Python!"""



"""
실행결과 :
Hello World!
Hello Python!
"""
```

```
File  Edit  Shell  Debug  Options  Windows  Help

Python 2.7.9 (default, Sep 17 2016, 20:26:04)
[GCC 4.9.2] on linux2
Type "copyright", "credits" or "license()" for more information.
>>> str1 = """Hello World!
Hello Python!"""
>>> print str1
Hello World!
Hello Python!
>>>
```

[그림 5-13] 연속 따옴표를 사용한 줄 바꿈 문장 출력 결과

(2) 문자열 자료형의 처리

이번에는 생성된 문자열 데이터에 대한 처리 방식(글자 나누기, 글자 삽입하기, 특정 글자 찾기 등)을 다룰 것입니다. 파이썬은 이 분야에서 다른 언어보다 강력한 기능을 지원하고 있어 프로그래밍 입문자도 손쉽게 문자열에 다양한 처리를 할 수 있습니다.

A 문자열 합치기

제일 처음으로 알아볼 것은 여러 개로 분리되어 저장되어있는 문자열 데이터를 하나로 합치는 기능을 알아보도록 하겠습니다. 문자열을 하나로 합치기 위해서는 연산자 '+'를 사용하면 간단하게 문자열을 합치는 것이 가능합니다.

[코드 5-27] '+' 연산자를 이용한 문자열 합치기

```
str1 = 'Good morning!'          # Good Morning 문자열 데이터 생성

str2 = ' '                      # 공백 문자 데이터 생성

str3 = 'Hello World!'           # Hello World! 문자열 데이터 생성

str4 = str1 + str2 + str3


print str4                      # Good morning! Hello World! 출력
```

[그림 5-14] '+' 연산자를 이용한 문자열 합치기 결과

'+' 연산자 이외에도 '*' 연산자를 이용하여 문자열들을 반복적으로 합칠 수 있습니다. '*' 연산자의 사용방법은 ('문자' * 반복 횟수)로 작성합니다. 사용 예는 [코드 5-28]과 같습니다.

[코드 5-28] '*' 연산자를 이용한 반복 문자열 합치기

```
str1 = '-' * 30 + '\n'          # - 문자를 30번 반복하고 줄 바꿈
title = 'Hello Python!\n'       # Hello Python! 문자열과 줄 바꿈
print str1, title, str1


"""
실행결과 :
------------------------------
Hello Python!
------------------------------
"""
```

[그림 5-15] '*' 연산자를 이용한 반복 문자열 합치기 결과

B 문자열 나누기

문자열 데이터를 다루다보면, 한 문장으로 되어있는 문자열을 잘라 여러 변수에 넣어야할 상황이 올 때도 있습니다. 예를 들어 '이름 : 홍길동, 나이 : 25, 성별 : 남'이란 문장에서 이름, 나이, 성별을 각 변수에 저장하려면 위의 문장을 잘라서 변수에 넣어주어야 할 것입니다. 문자열을 나누기 위해서는 먼저 문자열이 어떻게 저장되어있는지 알고 있어야 합니다. 문자열이 변수에 저장될 때 한 글자씩 차례대로 저장이 되며 각 문자마다 '0번'부터 'n번'까지의 번호가 할당됩니다. 예를 들어 문자열 'Good morning'에 대한 문자열 번호는 [예 5-1]과 같이 할당됩니다.

예 5-1   Good morning에 대한 번호 할당

```
a = '  G    o    o    d        m    o    r    n    i    n    g    !  '
        a[0] a[1] a[2] a[3] a[4] a[5] a[6] a[7] a[8] a[9] a[10] a[11] a[12]
```

⧖ **파이썬이 0-based Indexing을 선택한 이유**

파이썬은 배열 번호가 0부터 시작하는 0-based Indexing 방식을 사용합니다. 그 이유는 앞으로 배울 '문자열 슬라이스'에서 쓸 표기 방식이 1-based Indexing 방식을 사용할 경우 직관적이지 못하고 편의성을 도모하고자 0-based Indexing 방식을 선택했다고 합니다.

문자열 나누기는 대부분 이 할당된 문자번호를 가지고 이루어집니다. 'Good morning'이란 문자열에서 'Good'이란 단어만 추출하고 싶다면 [코드 5-29]와 같이 문자 번호 0번부터 3번까지 추출하여 다른 변수에 저장하면 됩니다.

[코드 5-29] 문자 추출

```
str1 = 'Good morning!'
extractedStr = str1[0] + str1[1] + str1[2] + str1[3]
print extractedStr     # 문자열 Good 출력
```

```
File  Edit  Shell  Debug  Options  Windows  Help
Python 2.7.9 (default, Sep 17 2016, 20:26:04)
[GCC 4.9.2] on linux2
Type "copyright", "credits" or "license()" for more information.
>>> str1 = 'Good morning!'
>>> extractedStr = str1[0] + str1[1] + str1[2] + str1[3]
>>> print extractedStr
Good
>>>
```

[그림 5-16] Good morning 문자 추출 결과

[코드 5-29]처럼 각 글자 하나씩 추출하여 붙여도 되지만, 글자 수가 많아지면 번거로운 작업이 될 수 있습니다. 파이썬은 이러한 번거로운 작업 과정을 줄이고자 문자열 슬라이싱이란 기능을 제공합니다. 문자열 슬라이싱은 문자열의 특정한 구역을 범위로 추출함으로써 손쉽게 원하는 결과를 얻을 수 있습니다. 사용방법은 [코드 5-30]과 같이 '변수명[시작 번호:끝 번호]'로 작성하며, '시작 번호'와 '끝 번호'는 생략할 경우 문자의 각 끝을 나타냅니다.

[코드 5-30] 문자열 슬라이싱

```
str1 = 'Good morning!'
slicedStr1 = str1[0:4]          # 첫 번째부터 4번째 문자까지 슬라이싱
slicedStr2 = str1[:4]           # 첫 번째부터 시작하면 시작 번호 생략 가능
slicedStr3 = str1[5:]           # 6번째 문자부터 문자열 끝까지 슬라이싱
slicedStr4 = str1[5:12]         # morning 단어 슬라이싱


print slicedStr1, slicedStr2, slicedStr3, slicedStr4 # 슬라이싱 된 문자열 출력
# 출력결과: Good Good morning! morning
```

```
File  Edit  Shell  Debug  Options  Windows  Help
Python 2.7.9 (default, Sep 17 2016, 20:26:04)
[GCC 4.9.2] on linux2
Type "copyright", "credits" or "license()" for more information.
>>> str1 = 'Good morning!'
>>> extractedStr = str1[0] + str1[1] + str1[2] + str1[3]
>>> print extractedStr
Good
>>>
```

[그림 5-17] 문자열 슬라이싱 결과

C 문자열 형식 지정하기(Formatting)

문자열 데이터를 다양한 방식으로 처리를 하다보면, 일정 양식의 틀을 가진 문자열에서 특정 부분만 변경하여야 할 필요가 있습니다. 예를 들어 홈페이지에 로그인을 했을 때 나타나는 환영 인사는 보통 '안녕하세요! OOO님!'입니다. 이 환영 인사에서 '안녕하세요!' 부분은 바뀌지 않지만, 'OOO님!'은 로그인한 사용자의 아이디로 계속해서 바뀌어야 합니다. 이럴 때 바로 문자열 형식 지정하기(Formatting)가 필요합니다. 문자열 형식 지정을 하기 전에 반드시 알아야할 것은 문자열의 특정한 부분을 치환 시켜줄 '문자열 형식 지정 코드'가 존재한다는 것입니다. 문자열 형식 지정 코드는 치환 시켜 줄 부분의 데이터 형식과 일치시켜야 하며 각 데이터 형식에 대한 코드는 [표 5-5]와 같습니다.

[표 5-5] 문자열 형식 지정 코드 목록

코드	설명
%d	정수를 치환합니다.
%f	부동 소수점을 치환합니다.
%c	문자 하나를 치환합니다.
%s	문자열을 치환합니다.
%o	8진수를 치환합니다.
%x	16진수를 치환합니다.
%%	% 문자를 사용할 수 있게 합니다.

[표 5-5]에 있는 문자열 형식 지정 코드의 사용 방법은 [코드 5-31]과 같습니다.

[코드 5-31] 문자열 형식 지정

```
name = 'mr. Hong'
age = 25
weight = 75.23


str1 = 'Good morning! %s' % name      # id가 문자열이므로 %s를 선택
print str1                            # 출력결과: Good morning! mr. Hong
```

```
str2 = 'Your age is %d' % age          # age가 정수형이므로 %d를 선택
print str1                             # Your age is 25 출력


str3 = 'Your weight is %f' % weight    # weight가 실수형이므로 %f를 선택
print str1                             # Your weight is 75.23 출력
```

```
File  Edit  Shell  Debug  Options  Windows  Help
Python 2.7.9 (default, Sep 17 2016, 20:26:04)
[GCC 4.9.2] on linux2
Type "copyright", "credits" or "license()" for more information.
>>> name = 'mr. Hong'
>>> age = 25
>>> weight = 75.23
>>> str1 = 'Good morning! %s' % name
>>> print str1
Good morning! mr. Hong
>>> str2 = 'Your age is %d' % age
>>> print str2
Your age is 25
>>> str3 = 'Your weight is %f' % weight
>>> print str3
Your weight is 75.230000
>>>
```

[그림 5-18] 문자열 형식 지정 결과

▪ 문자열 관련 함수들

위의 문자열 처리 방법 외에도 함수를 통해 글자 수를 카운트하거나, 문자열 내 특정 문자를 찾는 등의 기능을 수행할 수 있습니다.

● 문자열 내 총 글자수 카운트하기

문자열 처리에서 총 글자수(공백 포함)를 카운트하려면 'len()'라는 함수를 사용합니다.

[코드 5-32] 문자열 내 총 글자수 카운트하기

```
str1 = 'Good morning! Python!'
strCount = len(str1)          # strCount 변수에 str1 글자 수 저장
print str1                    # str1 글자 수 출력
```

```
File  Edit  Shell  Debug  Options  Windows  Help

Python 2.7.9 (default, Sep 17 2016, 20:26:04)
[GCC 4.9.2] on linux2
Type "copyright", "credits" or "license()" for more information.
>>> str1 = 'Good morning! Python!'
>>> strCount = len(str1)
>>> print strCount
21
>>>
```

[그림 5-19] 문자열 총 글자 개수 카운트하기 결과

• 문자열 내 특정 문자 · 단어 개수 세기

문자열에서 특정한 글자나 단어 개수를 세고 싶다면 'count()' 함수를 사용합니다.

[코드 5-33] 문자열 내 특정 문자 · 단어 개수 세기

```
str1 = 'Good morning! Python!'

strCount = str1.count('o')        # 문자열에서 알파벳 o의 개수 저장

print strCount                    # 알파벳 o 개수 출력


strCount = str1.count('Good')     # 문자열에서 Good 단어 개수 저장

print strCount                    # Good 단어 개수 출력


strCount = str1.count('!')        # 문자열에서 ! 문자 개수 저장

print strCount                    # ! 문자 개수 출력
```

```
File  Edit  Shell  Debug  Options  Windows  Help

Python 2.7.9 (default, Sep 17 2016, 20:26:04)
[GCC 4.9.2] on linux2
Type "copyright", "credits" or "license()" for more information.
>>> str1 = 'Good morning! Python!'
>>> strCount = str1.count('o')
>>> print strCount
4
>>> strCount = str1.count('Good')
>>> print strCount
1
>>> strCount = str1.count('!')
>>> print strCount
2
>>>
```

[그림 5-20] 문자열 내 특정 문자 · 단어 개수 세기 결과

• 문자열 내 특정 문자 · 단어 위치 찾기

문자열에서 특정한 글자나 단어의 첫 번째 위치를 찾고 싶다면 'find()' 함수를 사용합니다. 최초로 찾은 문자의 위치 값을 반환하며, 검색할 글자나 단어가 존재하지 않는다면 −1값을 반환합니다.

[코드 5-34] 문자열 내 특정 문자 · 단어 위치 찾기

```
str1 = 'Good morning! Python!'
find1 = str1.find('Good')          # str1 문자열에서 Good 단어 위치 검색
print find1                        # 위치값 출력


find2 = str1.find('Python!')       # str1 문자열에서 Python! 단어 위치 검색
print find2                        # 위치값 출력


find3 = str1.find('Hello')         # str1 문자열에 없는 Hello 단어 위치 검색
print find3                        # 위치값 출력
```

```
File  Edit  Shell  Debug  Options  Windows  Help
Python 2.7.9 (default, Sep 17 2016, 20:26:04)
[GCC 4.9.2] on linux2
Type "copyright", "credits" or "license()" for more information.
>>> str1 = 'Good morning! Python!'
>>> find1 = str1.find('Python!')
>>> print find1
14
>>> find2 = str1.find('Good')
>>> print find2
0
>>> find3 = str1.find('Hello')
>>> print find3
-1
>>>
```

[그림 5-21] 문자열 내 특정 문자 · 단어 위치 찾기 결과

• 특정 기호로 문자열 분리하기

특정 기호로 각 단어를 구분하는 문자열은 'split()'함수로 단어를 분리할 수 있습니다. 예를 들어 날짜를 나타낼 때 보통 년, 월, 일을 '2016-01-01'로 보통 표기하는데 이 문자열은 '−'을 기호로 년, 월, 일을 구분하고 있습니다. 이런 문자열에서 년, 월, 일을 추출하고 싶을 때 사용하는 것이 바로 'split()' 함수입니다. 'split()'함수의 사용법은 [코드 5-35]와 같습니다.

[코드 5-35] 특정 기호로 문자열 분리하기

```
str1 = 'Good morning! Python!'
words1 = str1.split(' ')              # 공백 기호로 문자열을 분리함
print words1                          # 분리된 각 단어 목록을 출력
print words1[0], word1[1], words1[2]  # 각 단어를 따로 출력
# 출력결과: Good morning! Python!


str2 = 'I.am.Hong.Gil.Dong'
words2 = str2.split('.')                              # . 기호로 문자열을 분리함
print words2                                          # 분리된 각 단어 목록을 출력
print words2[0], words[1], words[2], words2[3], words2[4]
# 출력결과: I am Hong Gil Dong
```

```
File  Edit  Shell  Debug  Options  Windows  Help
Python 2.7.9 (default, Sep 17 2016, 20:26:04)
[GCC 4.9.2] on linux2
Type "copyright", "credits" or "license()" for more information.
>>> str1 = 'Good morning! Python!'
>>> words1 = str1.split(' ')
>>> print words1
['Good', 'morning!', 'Python!']
>>> print words1[0], words1[1], words1[2]
Good morning! Python!
>>> str2 = 'I.am.Hong.Gil.Dong'
>>> words2 = str2.split('.')
>>> print words2
['I', 'am', 'Hong', 'Gil', 'Dong']
>>> print words2[0], words2[1], words2[2], words2[3], words2[4]
I am Hong Gil Dong
>>>
```

[그림 5-22] 특정 기호로 문자열 분리하기 결과

● 특정 문자 교체

문자열 내에서 특정 단어나 문자를 바꿀 때는 'replace()' 함수를 사용합니다. 지정한 글자나 단어를 새로운 글자나 단어로 모두 교체합니다.

[코드 5-36] 특정 문자 교체

```
str1 = 'Hello World! and Python!'
newStr1 = str1.replace('Hello', 'Good morning')
# Hello 단어를 Good morning 문장으로 교체
print newStr1 # 출력결과: Good morning World! and Python


newStr2 = str1.replace('!', '?')
# !를 ?로 전부 교체
print newStr2    # 출력결과: Hello World? and Python?
```

```
File  Edit  Shell  Debug  Options  Windows  Help
Python 2.7.9 (default, Sep 17 2016, 20:26:04)
[GCC 4.9.2] on linux2
Type "copyright", "credits" or "license()" for more information.
>>> str1 = 'Hello World! and Python!'
>>> newStr1 = str1.replace('Hello', 'Good morning')
>>> print newStr1
Good morning World! and Python!
>>> newStr2 = str1.replace('!', '?')
>>> print newStr2
Hello World? and Python?
>>>
```

[그림 5-23] 특정 문자 교체 결과

• 문자열 일괄 대 · 소문자로 교체

문자열을 모두 대문자로 바꾸기 위해서는 'upper()' 함수를, 모두 소문자로 바꾸기 위해서
는 'lower()' 함수를 사용합니다. 이 함수들은 주로 문자열의 중복을 막기 위해서 사용합니
다. 예를 들어 아이디를 생성할 때 'ABC', 'abc', 'aBc' 등의 같은 대 · 소문자의 차이만 있을
때 일괄적으로 대문자나 소문자로 변경하여 중복을 막는 일에 사용됩니다.

[코드 5-37] 문자열 일괄 대 · 소문자로 교체

```
str1 = 'I am Hong Gil-Dong'
print str1.upper()                # 출력결과: I AM HONG GIL-DONG
print str1.lower()                # 출력결과: i am hong gil-dong
```

```
File  Edit  Shell  Debug  Options  Windows  Help

Python 2.7.9 (default, Sep 17 2016, 20:26:04)
[GCC 4.9.2] on linux2
Type "copyright", "credits" or "license()" for more information.
>>> str1 = 'I am Hong Gil-Dong'
>>> print str1.upper()
I AM HONG GIL-DONG
>>> print str1.lower()
i am hong gil-dong
>>>
```

[그림 5-24] 문자열 일괄 대·소문자로 교체 결과

5.3.5 리스트 자료형

이번에는 리스트 자료형에 대해 알아보겠습니다. 리스트 자료형은 어떤 자료형이든 상관없이 한 변수 안에 저장하고 관리하는 역할을 주로 담당합니다. 저장의 한계는 메모리 용량이 허락하는 한도까지 입니다.

(1) 리스트 자료형의 생성

리스트 자료형을 생성하기 위해서는 [ ] (대괄호)를 이용하여 데이터들을 감싸 변수에 저장합니다. 대괄호에 들어갈 데이터들은 어떤 자료형이든 상관없이 모두 들어갈 수 있고 심지어 리스트 자료형 자체도 리스트 자료형의 데이터로 사용될 수 있습니다 ([코드 5-38]).

[코드 5-38] 리스트 자료형의 생성

```
list1 = ['Hello', 'I', 'am', 20, 'years old']
# 문자열 데이터와 숫자 데이터를 포함한 리스트 자료형
print list1  # list1 구성 데이터 출력


list2 = [['a', 'abc'], [1, 2, 3, 4, 5]]
# 리스트 자료형을 포함한 리스트 데이터 생성
print list2  # list2 구성 데이터 출력
```

```
File  Edit  Shell  Debug  Options  Windows  Help
Python 2.7.9 (default, Mar  8 2015, 00:52:26)
[GCC 4.9.2] on linux2
Type "copyright", "credits" or "license()" for more information.
>>> list1 = ['Hello', 'I', 'am', 20, 'years old']
>>> print list1
['Hello', 'I', 'am', 20, 'years old']
>>> list2 = [['a', 'abc'], [1,2,3,4,5]]
>>> print list2
[['a', 'abc'], [1, 2, 3, 4, 5]]
>>>
```

[그림 5-25] 리스트 자료형 생성 결과

(2) 리스트 자료형에서 데이터 다루기

리스트 자료형에서 데이터를 얻는 방법은 2가지가 존재합니다. 한 가지는 데이터를 하나씩 가져오는 방법이고, 나머지 다른 하나는 한꺼번에 여러 개를 가져오는 방법입니다. 리스트 자료형에서 데이터를 하나씩 얻기 위해서는 '변수명[데이터 위치값]'으로 작성합니다. '위치 값'은 0부터 최대값 사이로 정해져야하며, 최대값을 넘을 때 오류가 발생합니다. 또한 위치 값을 −1로 설정하면, 리스트에서 제일 마지막에 있는 값을 가져오게 됩니다.

[코드 5-39] 리스트 자료형에서 데이터 한 개씩 얻어오기

```
list1 = ['Good', 'morning!', 'Python', 2.0]
print list1[0]          # 문자열 Good 출력
print list1[3]          # 실수 2.0 출력
print list1[-1]         # 리스트에서 제일 마지막 값인 2.0 출력
```

```
File  Edit  Shell  Debug  Options  Windows  Help
Python 2.7.9 (default, Mar  8 2015, 00:52:26)
[GCC 4.9.2] on linux2
Type "copyright", "credits" or "license()" for more information.
>>> list1 = ['Good', 'morning!', 'Python', 2.0]
>>> print list1[0]
Good
>>> print list1[3]
2.0
>>> print list1[-1]
2.0
>>>
```

[그림 5-26] 리스트 자료형에서 데이터 한 개씩 얻어오기 결과

A 리스트 자료형에서 데이터 여러 개 묶어 얻기

리스트 자료형에서 데이터를 하나씩 가져와서 처리할 수 있지만, 데이터가 많다면 처리하기 곤란할 수 있습니다. 이를 해결하기 위한 방법으로 문자열 슬라이싱과 동일한 리스트 슬라이싱이 존재하며 사용 방법은 [코드 5-40]과 같습니다.

[코드 5-40] 리스트 슬라이싱

```
list1 = ['Hello', 'I', 'am', 20, 'years old']
print list1[0:2]        # 1 번째 데이터부터 3 번째 데이터까지 출력
print list1[:2]         # 1 번째 데이터부터 3 번째 데이터까지 출력
print list1[2:4]        # 3 번째 데이터부터 마지막 데이터까지 출력
print list1[3:]         # 4 번째 데이터부터 마지막 데이터까지 출력
```

```
File  Edit  Shell  Debug  Options  Windows  Help
Python 2.7.9 (default, Mar  8 2015, 00:52:26)
[GCC 4.9.2] on linux2
Type "copyright", "credits" or "license()" for more information.
>>> list1 = ['Hello', 'I', 'am', 20, 'years old']
>>> print list1[0:2]
['Hello', 'I']
>>> print list1[:2]
['Hello', 'I']
>>> print list1[2:4]
['am', 20]
>>> print list1[3:]
[20, 'years old']
>>>
```

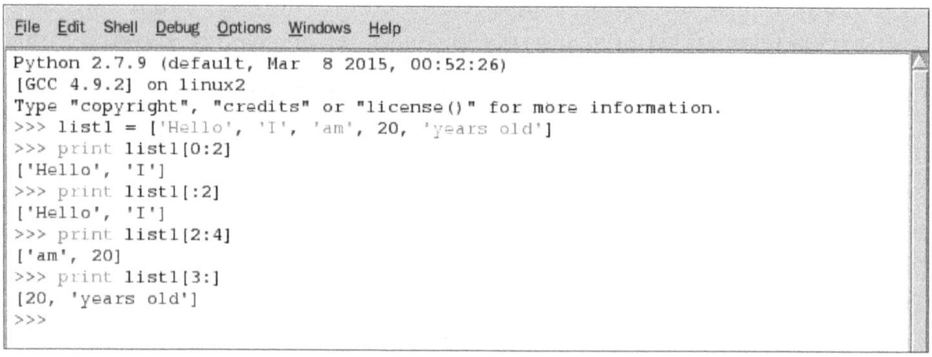

[그림 5-27] 리스트 슬라이싱 결과

B 리스트 자료형의 덧셈

리스트 자료형은 다른 자료형들과 마찬가지로 리스트 자료형끼리 덧셈 연산을 통하여 합칠 수 있습니다. 리스트 자료형의 덧셈 또한 모든 덧셈 연산의 기호인 '+'를 사용합니다. 리스트 자료형에서 합친 다는 것은 ['a', 'b', 'c']라는 리스트와 ['d', 'e', 'f']라는 리스트 두 리스트를 덧셈 연산 했을 때 ['a', 'b', 'c', 'd', 'e', 'f']와 같이 하나의 리스트가 되는 것을 의미합니다. 덧셈 기호 외에도 'extend()' 함수를 사용하여 같은 기능을 수행할 수 있습니다.

[코드 5-41] 리스트 자료형의 덧셈

```
list1 = ['a', 'b', 'c']
list2 = ['d', 'e', 'f']
list3 = list1 + list2   # list1과 list2 덧셈 수행
print list3             # list3 데이터 목록 ['a', 'b', 'c', 'd', 'e', 'f'] 출력


list1 = [1, 2, 3]
list2 = [4, 5, 6]
list3 = list1 + list2   # list1과 list2 덧셈 수행
print list3             # list3 데이터 목록 [1, 2, 3, 4, 5, 6] 출력


list1 = [6, 7, 8]
list2 = [9, 10, 11]
list1.extend(list2)     # extend() 함수 이용 덧셈 연산 수행
print list1             # list1 데이터 목록 [6, 7, 8, 9, 10, 11] 출력
```

```
File  Edit  Shell  Debug  Options  Windows  Help
Python 2.7.9 (default, Mar  8 2015, 00:52:26)
[GCC 4.9.2] on linux2
Type "copyright", "credits" or "license()" for more information.
>>> list1 = ['a', 'b', 'c']
>>> list2 = ['d', 'e', 'f']
>>> list3 = list1 + list2
>>> print list3
['a', 'b', 'c', 'd', 'e', 'f']
>>> list1 = [1, 2, 3]
>>> list2 = [4, 5, 6]
>>> list3 = list1 + list2
>>> print list3
[1, 2, 3, 4, 5, 6]
>>> list1 = [6, 7, 8]
>>> list2 = [9, 10, 11]
>>> list1.extend(list2)
>>> print list1
[6, 7, 8, 9, 10, 11]
>>>
```

[그림 5-28] 리스트 자료형 덧셈 결과

C 리스트 자료형의 곱셈

문자열 자료형과 마찬가지로 리스트 자료형의 곱셈 연산은 반복해서 데이터를 만듭니다. 리스트 자료형의 곱셈도 다른 모든 자료형 연산과 마찬가지로 '*' 기호를 사용합니다.

[코드 5-42] 리스트 자료형의 곱셈

```
list1 = ['a', 'b', 'c']
list2 = list1 * 2        # ['a', 'b', 'c'] 2 번 반복하여 생성
print list2              # ['a', 'b', 'c', 'a', 'b', 'c'] 출력
```

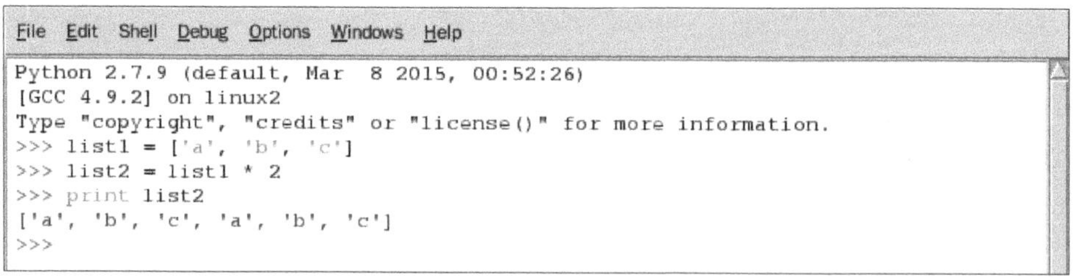

```
File  Edit  Shell  Debug  Options  Windows  Help

Python 2.7.9 (default, Mar  8 2015, 00:52:26)
[GCC 4.9.2] on linux2
Type "copyright", "credits" or "license()" for more information.
>>> list1 = ['a', 'b', 'c']
>>> list2 = list1 * 2
>>> print list2
['a', 'b', 'c', 'a', 'b', 'c']
>>>
```

[그림 5-29] 리스트 자료형 곱셈 결과

D 리스트 자료형의 데이터 변경

리스트 자료형에 들어있는 데이터들은 언제든지 수정이 가능합니다. 수정하는 방법 또한 2 가지가 존재하는데, 하나는 데이터를 하나씩 변경하는 것이고, 다른 하나는 범위를 지정하여 값을 변경하는 것입니다.

[코드 5-43] 리스트 자료형의 데이터 변경

```
list1 = ['Hello', 'Python!', 'This', 'is', 'list!']
print list1[0]                  # 1 번째 리스트 내 데이터 출력   (Hello)
list1[0] = 'Good morning'       # 1 번째 데이터를 Good morning으로 변경
print list1                     # 내용이 변경된 리스트 내 데이터 출력


list1[2:4] = ['These', 'are', 'apples']    # 범위 지정 데이터 변경
# 3 번째 데이터부터 5 번째 데이터를 ['These', 'are', 'apples']로 변경
print list1                     # 내용이 변경된 리스트 내 데이터 출력
```

```
File  Edit  Shell  Debug  Options  Windows  Help
Python 2.7.9 (default, Mar  8 2015, 00:52:26)
[GCC 4.9.2] on linux2
Type "copyright", "credits" or "license()" for more information.
>>> list1 = ['Hello', 'Python!', 'This', 'is', 'list!']
>>> print list1[0]
Hello
>>> list1[0] = 'Good morning'
>>> print list1
['Good morning', 'Python!', 'This', 'is', 'list!']
>>> list1[2:4] = ['These', 'are', 'apples']
>>> print list1
['Good morning', 'Python!', 'These', 'are', 'apples', 'list!']
>>>
```

[그림 5-30] 리스트 자료형의 데이터 변경 결과

E 리스트 자료형의 데이터 삭제

리스트 자료형에 들어있는 데이터들은 추가나 변경될 수 있지만 삭제도 가능합니다. 삭제하는 방법은 삭제할 데이터 범위를 설정 후 빈값을 넣어주거나, del이란 예약어를 사용합니다. 그리고 remove()라는 함수를 이용하여 데이터를 삭제할 수 있습니다. remove() 함수는 리스트 내에서 지정한 값을 검색하여 첫 번째로 만나는 값을 삭제합니다.

[코드 5-44] 리스트 자료형의 데이터 삭제

```
list1 = ['Hello', 'Python!', 'This', 'is', 'list!']
del list1[2]              # 3 번째 데이터 삭제
print list1               # ['Hello', 'Python!', 'is', 'list!'] 출력


list1 = ['Hello', 'Python!', 'This', 'is', 'list!']
list1[0:2] = [ ]          # 1 번째부터 2 번째 데이터를 삭제 - 범위 지정 삭제
print list1               # ['This', 'is', 'list!'] 출력


list1 = ['Hello', 'Python!', 'This', 'is', 'list!']
del list1[1:3]            # 1 번째부터 3 번째 데이터를 삭제 - 범위 지정 삭제
print list1               # ['Hello', 'is', 'list!'] 출력


list1 = ['Hello', 'Python!', 'Python!', 'This', 'is', 'list!']
list1.remove('Python!')
print list1               # ['Hello', 'Python!', 'This', 'is', 'list!'] 출력
```

```
File  Edit  Shell  Debug  Options  Windows  Help
Python 2.7.9 (default, Mar  8 2015, 00:52:26)
[GCC 4.9.2] on linux2
Type "copyright", "credits" or "license()" for more information.
>>> list1 = ['Hello', 'Python!', 'This', 'is', 'list!']
>>> del list1[2]
>>> print list1
['Hello', 'Python!', 'is', 'list!']
>>> list1 = ['Hello', 'Python!', 'This', 'is', 'list!']
>>> list1[0:2] = [ ]
>>> print list1
['This', 'is', 'list!']
>>> list1 = ['Hello', 'Python!', 'This', 'is', 'list!']
>>> del list1[1:3]
>>> print list1
['Hello', 'is', 'list!']
>>> list1 = ['Hello', 'Python!', 'This', 'is', 'list!']
>>> list1.remove('Python!')
>>> print list1
['Hello', 'This', 'is', 'list!']
>>>
```

[그림 5-31] 리스트 데이터 삭제 결과

(3) 리스트 자료형 관련 함수들

A 리스트 내 데이터 중간 삽입하기 (insert)

리스트 내에 데이터를 중간 삽입하기 위해서는 'insert()' 함수를 사용합니다. 'insert()'함수는 '변수명.insert(삽입할 자리, 넣을 값)'으로 작성합니다. '삽입할 자리'는 숫자로 되어야하며 첫 번째 자리는 0부터 시작합니다.

[코드 5-45] 리스트 내 데이터 중간 삽입하기

```
list1 = ['Hello', 'Python!', 'This', 'is', 'list!']
list1.insert(2, 'Good morning!')          # 3 번째 자리에 Good morning 삽입
print list1                               # list1 데이터 출력
```

```
File  Edit  Shell  Debug  Options  Windows  Help
Python 2.7.9 (default, Mar  8 2015, 00:52:26)
[GCC 4.9.2] on linux2
Type "copyright", "credits" or "license()" for more information.
>>> list1 = ['Hello', 'Python!', 'This', 'is', 'list!']
>>> list1.insert(2, 'Good morning!')
>>> print list1
['Hello', 'Python!', 'Good morning!', 'This', 'is', 'list!']
>>>
```

[그림 5-32] 리스트 내 데이터 중간 삽입 결과

B 리스트 맨 마지막부터 데이터 추가하기 (append)

리스트 내에서 맨 마지막부터 데이터를 추가하기 위해서는 'insert()'함수로 마지막 위치에
데이터를 삽입해도 되지만, 'append()'함수를 이용한다면 마지막 위치부터 데이터를 추가
할 수 있습니다.

[코드 5-46] 리스트 맨 마지막부터 데이터 추가하기

```
list1 = ['Hello', 'Python!', 'This', 'is', 'list!']
list1.append('i\'m here!')          # 리스트 끝에 i'm here 문자열 추가
print list1
```

```
File  Edit  Shell  Debug  Options  Windows  Help
Python 2.7.9 (default, Mar  8 2015, 00:52:26)
[GCC 4.9.2] on linux2
Type "copyright", "credits" or "license()" for more information.
>>> list1 = ['Hello', 'Python!', 'This', 'is', 'list!']
>>> list1.append('i\'m here!')
>>> print list1
['Hello', 'Python!', 'This', 'is', 'list!', "i'm here!"]
>>>
```

[그림 5-33] 리스트 데이터 마지막 추가 결과

C 리스트 정렬 (sort)

리스트 내 데이터들의 순차적 정렬이 필요하다면 'sort()' 함수를 이용해 수행할 수 있습니
다. 문자열은 사전 순으로 정렬되고, 숫자는 오름차순으로 정렬됩니다.

[코드 5-47] 리스트 맨 마지막부터 데이터 추가하기

```
list1 = ['c', 'e', 'a', 'b', 'd']
list1.sort()              # 사전순 정렬 수행
print list1               # 리스트 데이터 출력


list2 = [3, 5, 1, 4, 2, 9]
list2.sort()              # 오름차순 정렬 수행
print list2               # 리스트 데이터 출력
```

```
File  Edit  Shell  Debug  Options  Windows  Help

Python 2.7.9 (default, Mar  8 2015, 00:52:26)
[GCC 4.9.2] on linux2
Type "copyright", "credits" or "license()" for more information.
>>> list1 = ['c', 'e', 'a', 'b', 'd']
>>> list1.sort()
>>> print list1
['a', 'b', 'c', 'd', 'e']
>>> list2 = [3, 5, 1, 4, 2, 9]
>>> list2.sort()
>>> print list2
[1, 2, 3, 4, 5, 9]
>>>
```

[그림 5-34] 리스트 정렬 결과

D 리스트 데이터 순서 뒤집기 (reverse)

리스트 내 데이터들의 순서를 뒤집고 싶다면 'reverse()' 함수를 사용합니다. 'sort()'함수와 'reverse()' 함수를 이용하여 역정렬 기능을 만들 수 있습니다.

[코드 5-48] 리스트 데이터 순서 뒤집기

```
list1 = ['a', 'b', 'c', 'd', 'e']
list1.reverse()              # 리스트 데이터 순서 뒤집기
print list1


list2 = ['c', 'e', 'a', 'b', 'd']
list2.sort()                 # 리스트 사전순 정렬
list2.reverse()              # 리스트 역사전순 정렬
print list2                  # 리스트 데이터 출력
```

```
File  Edit  Shell  Debug  Options  Windows  Help

Python 2.7.9 (default, Mar  8 2015, 00:52:26)
[GCC 4.9.2] on linux2
Type "copyright", "credits" or "license()" for more information.
>>> list1 = ['a', 'b', 'c', 'd', 'e']
>>> list1.reverse()
>>> print list1
['e', 'd', 'c', 'b', 'a']
>>> list2 = ['c', 'e', 'a', 'b', 'd']
>>> list2.sort()
>>> list2.reverse()
>>> print list2
['e', 'd', 'c', 'b', 'a']
>>>
```

[그림 5-35] 리스트 데이터 순서 뒤집기 및 역사전순 정렬 결과

E 리스트 데이터 위치 찾기 (index)

리스트 내 원하는 데이터의 위치를 찾기 위해서는 'index()' 함수를 이용합니다. 'index()'함수는 처음부터 순차적으로 검색하고 위치를 찾습니다. 단, 찾으려는 데이터가 리스트 내 여러 개가 존재할 경우 제일 먼저 찾은 데이터의 위치만 알려주고 함수는 종료됩니다. 만약 찾으려는 값이 존재하지 않는다면 오류가 발생합니다.

[코드 5-49] 리스트 데이터 위치 찾기

```
list1 = ['a', 'b', 'c', 'd', 'e']
print list1.index('b')          # 리스트에서 문자 'b' 의 위치 검색 후 출력
```

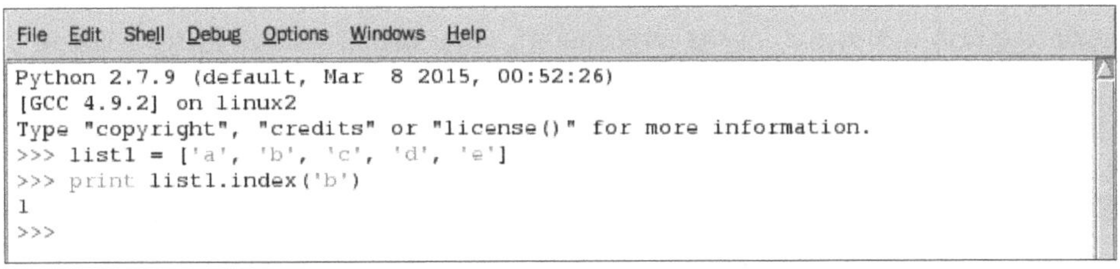

```
File  Edit  Shell  Debug  Options  Windows  Help
Python 2.7.9 (default, Mar  8 2015, 00:52:26)
[GCC 4.9.2] on linux2
Type "copyright", "credits" or "license()" for more information.
>>> list1 = ['a', 'b', 'c', 'd', 'e']
>>> print list1.index('b')
1
>>>
```

[그림 5-36] 리스트 내 데이터 위치 찾기 결과

F 리스트 데이터 꺼내기 (pop)

리스트에서 데이터를 꺼낸다는 것은 데이터를 얻은 뒤 리스트에서 해당 데이터를 삭제하는 것을 의미합니다. 이러한 기능을 하는 함수가 'pop()' 함수입니다. 'pop()' 함수에 매개변수를 입력하지 않는다면 리스트의 맨 끝부터 데이터를 꺼내기 시작하고, 반대로 매개변수를 입력하여 원하는 데이터만 꺼내는 것이 가능합니다. 매개변수는 위치값으로 지정합니다.

[코드 5-50] 리스트 데이터 꺼내기

```
list1 = ['a', 'b', 'c', 'd', 'e']
print list1.pop()          # 리스트의 맨 끝 데이터를 꺼낸 후 출력
print list1                # 데이터를 꺼낸 후의 list1 데이터 목록 출력


print list1.pop(0)         # 리스트의 0 번째를 꺼낸 후 출력
print list1                # 데이터를 꺼낸 후 list1 데이터 목록 출력
```

```
File  Edit  Shell  Debug  Options  Windows  Help
Python 2.7.9 (default, Mar  8 2015, 00:52:26)
[GCC 4.9.2] on linux2
Type "copyright", "credits" or "license()" for more information.
>>> list1 = ['a', 'b', 'c', 'd', 'e']
>>> print list1.pop()
e
>>> print list1
['a', 'b', 'c', 'd']
>>> print list1.pop(0)
a
>>> print list1
['b', 'c', 'd']
>>>
```

[그림 5-37] 리스트 데이터 꺼내기 결과

G 리스트 특정 데이터 개수 세기 (count)

문자열 자료형과 마찬가지로 리스트 자료형에서도 특정 단어나 글자가 리스트 내에 몇 개나 있는지 셀 수 있는 'count()' 함수가 존재합니다.

[코드 5-51] 리스트 특정 데이터 개수 세기

```
list1 = ['a', 'p', 'p', 'l', 'e']
print list1.count('a')          # 리스트 내 'a'의 개수 출력
print list1.count('p')          # 리스트 내 'p'의 개수 출력
```

```
File  Edit  Shell  Debug  Options  Windows  Help
Python 2.7.9 (default, Mar  8 2015, 00:52:26)
[GCC 4.9.2] on linux2
Type "copyright", "credits" or "license()" for more information.
>>> list1 = ['a', 'p', 'p', 'l', 'e']
>>> print list1.count('a')
1
>>> print list1.count('p')
2
>>>
```

[그림 5-38] 리스트 내 특정 데이터 개수 세기 결과

5.3.6 튜플 자료형

튜플(tuple) 자료형이란 리스트 자료형과 비슷하지만, 한번 생성된 데이터는 수정을 가할 수 없다는 특징이 있습니다. 수정을 가할 수 없다는 의미는 새로운 데이터를 추가하거나,

변경하거나 삭제할 수 없다는 것을 뜻합니다. 이러한 특성 때문에 특정한 값을 여러 개 고정시켜 놓고 싶다면 튜플 자료형을 이용하는 것이 유용합니다.

(1) 튜플 자료형의 생성

튜플은 리스트와 생성 방법이 비슷하지만 ( )(소괄호)로 감싼다는 차이가 있습니다.

[코드 5-52] 튜플 자료형의 생성

```
tuple1 = ('a', 'b', 'c', 'd', 'e')          # 튜플 자료형의 생성
print tuple1                                 # 튜플 데이터 모두 출력
```

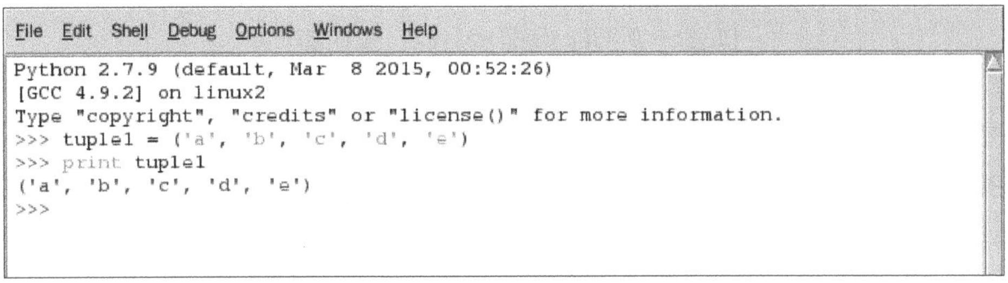

```
File  Edit  Shell  Debug  Options  Windows  Help
Python 2.7.9 (default, Mar  8 2015, 00:52:26)
[GCC 4.9.2] on linux2
Type "copyright", "credits" or "license()" for more information.
>>> tuple1 = ('a', 'b', 'c', 'd', 'e')
>>> print tuple1
('a', 'b', 'c', 'd', 'e')
>>>
```

[그림 5-39] 튜플 자료형의 생성 결과

(2) 튜플 자료형의 연산

A 튜플 자료형에서 데이터 얻기

튜플 자료형에서 데이터를 얻기 위한 방법은 리스트와 마찬가지로 두 가지 방법이 존재합니다. 하나는 데이터를 하나씩 얻는 방식이고 하나는 슬라이싱을 통해 데이터를 여러 개 얻는 방법입니다.

• 튜플 자료형에서 데이터 하나 얻기

튜플 자료형에서 데이터를 하나씩 얻기 위해서는 리스트와 같이 '변수명[위치값]'으로 얻어냅니다. 위치값은 0부터 시작하며 튜플 크기의 최대값을 넘을 수 없습니다. 또한 위치값이 −1이면 튜플의 마지막 값을 얻어올 수 있습니다.

[코드 5-53] 튜플 자료형에서 데이터 하나 얻기

```
tuple1 = ('a', 'b', 'c', 'd', 'e')        # 튜플 자료형의 생성
print tuple1[0]                           # 첫 번째 튜플 데이터 출력
print tuple1[3]                           # 네 번째 튜플 데이터 출력
```

```
File  Edit  Shell  Debug  Options  Windows  Help

Python 2.7.9 (default, Mar  8 2015, 00:52:26)
[GCC 4.9.2] on linux2
Type "copyright", "credits" or "license()" for more information.
>>> tuple1 = ('a', 'b', 'c', 'd', 'e')
>>> print tuple1[0]
a
>>> print tuple1[3]
d
>>>
```

[그림 5-40] 튜플 자료형에서 데이터 얻기 결과

• 튜플 자료형에서 데이터 여러 개 묶어 얻기

튜플 자료형에서 데이터를 여러 개 얻기 위해서는 리스트와 마찬가지로 슬라이싱을 이용합니다. 작성 방법은 동일하게 '변수명[시작 위치:끝 위치]'로 작성합니다.

[코드 5-54] 튜플 자료형에서 데이터 여러개 얻기

```
tuple1 = ('a', 'b', 'c', 'd', 'e')        # 튜플 자료형의 생성
print tuple1[0:2]                         # 첫 번째부터 세 번째 튜플 데이터까지 출력
print tuple1[3:]                          # 네 번째부터 마지막 튜플 데이터까지 출력
print tuple1[:2]                          # 첫 번째부터 세 번째 튜플 데이터까지 출력
```

```
File  Edit  Shell  Debug  Options  Windows  Help

Python 2.7.9 (default, Mar  8 2015, 00:52:26)
[GCC 4.9.2] on linux2
Type "copyright", "credits" or "license()" for more information.
>>> tuple1 = ('a', 'b', 'c', 'd', 'e')
>>> print tuple1[0:2]
('a', 'b')
>>> print tuple1[3:]
('d', 'e')
>>> print tuple1[:2]
('a', 'b')
>>>
```

[그림 5-41] 튜플 자료형에서 데이터 여러 개 얻기 결과

B 튜플 자료형의 덧셈

튜플 자료형에서는 데이터에 수정을 가할 수는 없지만, 각 튜플 자료형끼리 덧셈 연산을 통해서 합쳐진 튜플 자료형을 새로 생성할 수는 있습니다. 튜플 자료형 덧셈 연산에는 '+' 기호를 사용합니다. 덧셈 연산의 사용 예는 (1, 2, 3, 4)라는 튜플과 (5, 6, 7, 8) 이란 튜플의 연산을 수행하면 (1, 2, 3, 4, 5, 6, 7, 8) 이란 새로운 튜플이 생성됩니다.

[코드 5-55] 튜플 자료형의 덧셈

```
tuple1 = (1, 2, 3, 4)
tuple2 = (5, 6 ,7, 8)
tuple3 = tuple1 + tuple2        # 튜플 자료형의 덧셈 연산
print tuple3                    # tuple3 데이터 모두 출력
```

```
File  Edit  Shell  Debug  Options  Windows  Help

Python 2.7.9 (default, Mar  8 2015, 00:52:26)
[GCC 4.9.2] on linux2
Type "copyright", "credits" or "license()" for more information.
>>> tuple1 = (1, 2, 3, 4)
>>> tuple2 = (5, 6, 7, 8)
>>> tuple3 = tuple1 + tuple2
>>> print tuple3
(1, 2, 3, 4, 5, 6, 7, 8)
>>>
```

[그림 5-42] 튜플 자료형의 덧셈 결과

C 튜플 자료형의 곱셈

튜플 자료형은 덧셈 연산도 존재하지만 곱셈 연산도 존재합니다. 곱셈 연산 또한 리스트 곱셈 연산과 같은 기능을 합니다. 곱셈 연산 기호는 '*'을 사용합니다. 사용 예는 (1, 2, 3) 이란 튜플에 3을 곱하면 (1, 2, 3, 1, 2, 3, 1, 2, 3)과 같이 튜플 데이터를 반복적으로 만들어 새로운 튜플을 생성합니다.

[코드 5-56] 튜플 자료형의 곱셈

```
tuple1 = (1, 2)
tuple2 = tuple1 * 3             # 튜플 자료형의 곱셈 연산
print tuple2                    # (1, 2, 1, 2, 1, 2) 튜플 데이터 출력
```

```
File  Edit  Shell  Debug  Options  Windows  Help
Python 2.7.9 (default, Mar  8 2015, 00:52:26)
[GCC 4.9.2] on linux2
Type "copyright", "credits" or "license()" for more information.
>>> tuple1 = (1, 2)
>>> tuple2 = tuple1 * 3
>>> print tuple2
(1, 2, 1, 2, 1, 2)
>>>
```

[그림 5-43] 튜플 자료형의 곱셈 결과

5.3.7 딕셔너리 자료형

딕셔너리(Dictionary)란 사전을 뜻하는데, 사전의 구성을 살펴보면 단어와 뜻이 한 쌍으로 이루어져 있습니다. 이 사전처럼 단어에 해당하는 'Key'와 뜻에 해당하는 'Value'가 한 쌍으로 묶여 데이터로 저장되어 있는 자료형이 바로 '딕셔너리 자료형'입니다.

(1) 딕셔너리 자료형의 생성

딕셔너리 자료형을 생성하기 위해서는 데이터를 'Key:Value' 형식으로 작성한 뒤, 작성된 데이터를 { } (중괄호)로 감싸 생성합니다. 'Key'와 'Value'의 값은 문자와 숫자 형식에 상관없이 모두 지정이 가능합니다. 데이터를 생성할 때 주의할 점은 'Key'값이 중복되었을 때, 마지막으로 입력된 데이터의 Value만 저장이 됩니다.

[코드 5-57] 딕셔너리 자료형의 생성

```
dictionary1 = { 1:'a', 2:'b', 3:'c' }    # 딕셔너리 자료형의 생성
print dictionary1                        # dictionary1 데이터 모두 출력


dictionary2 = { 1:'a', 1:'b', 2:'c' }    # 중복키 1의 value 덮어쓰기
print dictionary2                        # dictionary2 데이터 모두 출력
```

```
File  Edit  Shell  Debug  Options  Windows  Help
Python 2.7.9 (default, Mar  8 2015, 00:52:26)
[GCC 4.9.2] on linux2
Type "copyright", "credits" or "license()" for more information.
>>> dictionary1 = { 1:'a', 2:'b', 3:'c' }
>>> print dictionary1
{1: 'a', 2: 'b', 3: 'c'}
>>> dictionary2 = { 1:'a', 1:'b', 2:'c' }
>>> print dictionary2
{1: 'b', 2: 'c'}
>>>
```

[그림 5-44] 딕셔너리 자료형의 생성 결과

(2) 딕셔너리 자료형의 데이터 관리

A 딕셔너리 자료형에서 데이터 하나씩 얻기

딕셔너리 자료형에서 데이터를 얻는 방식은 데이터 쌍의 'Key'값을 이용하는 것입니다. 'Key'값은 '변수명[Key값]'처럼 [ ] (대괄호) 안에 적습니다. 또한 'get()' 함수를 이용하여 데 이터를 얻어낼 수 있습니다. 'get()' 함수의 매개변수는 'Key'값으로 지정합니다.

[코드 5-58] 딕셔너리 자료형에서 데이터 하나씩 얻기

```
dictionary1 = { 'a':'Hello', 'b':'Python', 'c':'Good morning', 'd':'World' }
                              # 딕셔너리 자료형의 생성
print dictionary1['a']        # dictionary1에서 키값이 'a'인 데이터 value 출력
print dictionary1.get('b')    # dictionary1에서 키값이 'b'인 데이터 value 출력
```

```
File  Edit  Shell  Debug  Options  Windows  Help
Python 2.7.9 (default, Mar  8 2015, 00:52:26)
[GCC 4.9.2] on linux2
Type "copyright", "credits" or "license()" for more information.
>>> dictionary1 = { 'a':'Hello', 'b':'Python', 'c':'Good morning', 'd':'World' }
>>> print dictionary1['a']
Hello
>>> print dictionary1.get('b')
Python
>>>
```

[그림 5-45] 딕셔너리 자료형에서 데이터 하나씩 얻기 결과

B 딕셔너리 자료형에서 데이터 쌍 삭제

딕셔너리 자료형에서 데이터를 삭제하기 위해서는 예약어 'del'과 '데이터 Key값'을 이용합니다. 딕셔너리 자료형은 리스트와 달리 데이터의 위치가 존재하지 않기에 위치값이 필요하지 않습니다. 데이터를 모두 삭제하고 싶다면 'clear()' 함수를 사용합니다.

[코드 5-59] 딕셔너리 자료형에서 데이터 삭제

```
dictionary1 = { 'a':'Hello', 'b':'Python', 'c':'Good morning', 'd':'World' }
del dictionary1['a']              # 첫 번째 데이터 삭제
print dictionary1                 # dictionary1 데이터 모두 출력
dictionary1 = { 'a':'Hello', 'b':'Python', 'c':'Good morning', 'd':'World' }
dictionary1.clear()               # dictionary1 데이터 모두 삭제
print dictionary1
```

```
File  Edit  Shell  Debug  Options  Windows  Help
Python 2.7.9 (default, Mar  8 2015, 00:52:26)
[GCC 4.9.2] on linux2
Type "copyright", "credits" or "license()" for more information.
>>> dictionary1 = { 'a':'Hello', 'b':'Python', 'c':'Good morning', 'd':'World' }
>>> del dictionary1['a']
>>> print dictionary1
{'c': 'Good morning', 'b': 'Python', 'd': 'World'}
>>> dictionary1 = { 'a':'Hello', 'b':'Python', 'c':'Good morning', 'd':'World' }
>>> dictionary1.clear()
>>> print dictionary1
{}
>>>
```

[그림 5-46] 딕셔너리 자료형 데이터의 삭제

C 딕셔너리 자료형에서 데이터 쌍 추가하기

딕셔너리 자료형에 데이터 쌍을 추가하기 위해서는 '변수명[Key값] = Value값'으로 데이터를 추가합니다. 딕셔너리 자료형은 리스트와 달리 데이터에 순서가 없으므로 위치값이 존재하지 않습니다.

[코드 5-60] 딕셔너리 자료형에서 데이터 쌍 추가

```
dictionary1 = { 'a':'Hello', 'b':'Python'}
dictionary1['c'] = 'Good morning!'
print dictionary1
```

```
File  Edit  Shell  Debug  Options  Windows  Help
Python 2.7.9 (default, Mar  8 2015, 00:52:26)
[GCC 4.9.2] on linux2
Type "copyright", "credits" or "license()" for more information.
>>> dictionary1 = { 'a':'Hello', 'b':'Python' }
>>> dictionary1['c'] = 'Good morning!'
>>> print dictionary1
{'a': 'Hello', 'c': 'Good morning!', 'b': 'Python'}
>>>
```

[그림 5-47] 딕셔너리 자료형에 데이터 쌍 추가

(3) 딕셔너리 자료형 관련 함수들

A 데이터 속성별 리스트 만들기

딕셔너리 자료형에는 데이터의 Key값과 Value를 별도의 리스트로 만들어주는 함수들이 존재합니다.

• Key 리스트 만들기

딕셔너리 자료형 내 데이터들의 Key 값만 모아 저장하고 싶다면 'keys()' 함수를 이용합니다. 'keys()' 함수는 데이터 내의 모든 Key 값들을 모아 리스트 형태로 만들어 반환해줍니다.

[코드 5-61] Key 리스트 만들기

```
dictionary1 = { 'a':'Hello', 'b':'Python', 'c':'Good morning', 'd':'World' }
keyList = dictionary1.keys()    # dictionary1 데이터의 key를 리스트로 생성
print keyList                   # 생성된 key 리스트 모두 출력
```

```
File  Edit  Shell  Debug  Options  Windows  Help
Python 2.7.9 (default, Mar  8 2015, 00:52:26)
[GCC 4.9.2] on linux2
Type "copyright", "credits" or "license()" for more information.
>>> dictionary1 = { 'a':'Hello', 'b':'Python', 'c':'Good morning', 'd':'World' }
>>> keyList = dictionary1.keys()
>>> print keyList
['a', 'c', 'b', 'd']
>>>
```

[그림 5-48] Key 리스트 생성 결과

• Value 리스트 만들기

딕셔너리 자료형 내 데이터들의 Value만 모아 저장하고 싶다면 'values()' 함수를 이용합니다. 'values()' 함수는 데이터 내의 모든 Value 들을 모아 리스트 형태로 만들어 줍니다.

[코드 5-62] value 리스트 만들기

```
dictionary1 = { 'a':'Hello', 'b':'Python', 'c':'Good morning', 'd':'World' }
valueList = dictionary1.values()    # dictionary1 데이터의 value를 리스트로 생성
print valueList                     # 생성된 value 리스트 모두 출력
```

```
File  Edit  Shell  Debug  Options  Windows  Help
Python 2.7.9 (default, Mar  8 2015, 00:52:26)
[GCC 4.9.2] on linux2
Type "copyright", "credits" or "license()" for more information.
>>> dictionary1 = { 'a':'Hello', 'b':'Python', 'c':'Good morning', 'd':'World' }
>>> valueList = dictionary1.values()
>>> print valueList
['Hello', 'Good morning', 'Python', 'World']
>>>
```

[그림 5-49] value 리스트 생성 결과

B 딕셔너리 자료형 내 데이터가 존재하는지 확인하기

딕셔너리 자료형 내에서 데이터가 존재하는지 확인하기 위해서는 'in' 예약어를 사용합니다. 'in' 예약어로 데이터를 찾는 것은 Key 값으로 진행할 수 있습니다. 만약 딕셔너리 자료형 안에 데이터가 존재한다면 'True'를 반환하고 아니면 'False'를 반환합니다.

[코드 5-63] 딕셔너리 자료형 내 데이터 존재 확인

```
dictionary1 = { 'a':'Hello', 'b':'Python', 'c':'Good morning', 'd':'World' }
isExistData = 'a' in dictionary1      # dictionary1에서 'a'라는 Key 값을 갖는
                                      # 데이터 존재 여부 확인
print isExistData


isExistData = 'Good' in dictionary1   # dictionary1에서 'Good'이라는 Key값을
                                      # 갖는 데이터 존재 여부 확인
print isExistData
```

```
File  Edit  Shell  Debug  Options  Windows  Help
Python 2.7.9 (default, Mar  8 2015, 00:52:26)
[GCC 4.9.2] on linux2
Type "copyright", "credits" or "license()" for more information.
>>> dictionary1 = { 'a':'Hello', 'b':'Python', 'c':'Good morning', 'd':'World' }
>>> isExistData = 'a' in dictionary1
>>> print isExistData
True
>>> isExistData = 'Good' in dictionary1
>>> print isExistData
False
>>>
```

[그림 5-50] 딕셔너리 자료형 내 데이터 존재 확인 결과

5.3.8 집합 자료형

집합(Set) 자료형이란 수학의 집합의 개념이 들어있는 자료형입니다. 집합 자료형에 들어있는 각 데이터들은 중복을 허용하지 않으며 딕셔너리 자료형과 비슷하게 순서가 존재하지 않습니다. 집합 자료형은 데이터의 중복을 허락하지 않는다는 특성 때문에 주로 특정 값을 걸러내거나 중복 값이 존재하지 않는 임의의 숫자들을 저장할 때 사용됩니다.

(1) 집합 자료형의 생성

집합 자료형을 생성하기 위해서는 'set()' 함수를 사용하여야 합니다. 매개변수로 집합 자료형에 들어갈 데이터들을 [ ] (대괄호)로 넣어야 하는데, 만약 데이터들에 중복된 값이 존재한다면 자동으로 하나만 저장되고 나머지 중복된 값들은 모두 사라지게 됩니다.

[코드 5-64] 집합 자료형의 생성

```
set1 = set([4, 5, 6])                    # 집합 자료형의 생성
print set1                               # set1 데이터 모두 출력


set2 = set([4, 4, 4, 4, 5, 6, 7, ,7 ,7]) # 중복된 값이 포함된 집합 자료형의 생성
print set2
```

```
File  Edit  Shell  Debug  Options  Windows  Help
Python 2.7.9 (default, Mar  8 2015, 00:52:26)
[GCC 4.9.2] on linux2
Type "copyright", "credits" or "license()" for more information.
>>> set1 = set([4, 5, 6])
>>> print set1
set([4, 5, 6])
>>> set2 = set([4, 4, 4, 4, 5, 6, 7, 7, 7])
>>> print set2
set([4, 5, 6, 7])
>>>
```

[그림 5-51] 집합 자료형의 생성 결과

(2) 집합 자료형의 연산

집합 자료형의 연산을 통해 수학에서의 합집합, 교집합, 차집합을 구할 수 있습니다.

A 합집합 구하기

합집합이란 여러 집합을 합쳤을 때 각 집합의 모든 원소를 가지고 있는 집합을 의미합니다. 집합 자료형에서도 이 의미는 같으며, 각 집합에서 합집합을 구하기 위해서는 '|' 기호를 사용합니다. 대상 집합 들의 중복된 데이터는 하나만 남고 모두 사라집니다.

[코드 5-65] 합집합 구하기

```
set1 = set([1, 2, 3])
set2 = set([4, 5, 6])
set3 = set1 | set2              # set1과 set2에 대한 합집합 연산
print set3                      # set3 데이터 모두 출력


set1 = set([1, 2, 3, 4, 5, 6, 7])
set2 = set([6, 7, 8, 9])
set3 = set1 | set2              # set1과 set2에 대한 합집합 연산
print set3                      # set3 데이터 모두 출력
```

```
File  Edit  Shell  Debug  Options  Windows  Help
Python 2.7.9 (default, Mar  8 2015, 00:52:26)
[GCC 4.9.2] on linux2
Type "copyright", "credits" or "license()" for more information.
>>> set1 = set([1, 2, 3])
>>> set2 = set([4, 5, 6])
>>> set3 = set1 | set2
>>> print set3
set([1, 2, 3, 4, 5, 6])
>>> set1 = set([1, 2, 3, 4, 5, 6, 7])
>>> set2 = set([6, 7, 8, 9])
>>> set3 = set1 | set2
```

[그림 5-52] 합집합 연산 결과

⧖ **기호 '|' 쓰는 방법**

기호 '|'는 일상생활에서 흔히 쓰이는 기호가 아니기에 키보드에서 찾기가 쉽지 않을 수 있습니다. '|' 기호
는 'shift + \'키로 쓸 수 있습니다.

B **교집합 구하기**

교집합이란 여러 집합에서 공통적인 원소만 가지고 있는 집합을 의미합니다. 집합 자료형
에서의 교집합도 이 의미와 같으며, 교집합을 구하기 위해서는 '&' 기호를 사용합니다. 대
상 집합들의 중복된 값만 남고, 중복되지 않는 데이터는 모두 사라집니다.

[코드 5-66] 교집합 구하기

```
set1 = set([1, 2, 3])
set2 = set([3, 4, 5])
set3 = set1 & set2              # set1과 set2에 대한 교집합 연산
print set3                      # set3 데이터 모두 출력


set1 = set([1, 2, 3, 4, 5, 6, 7])
set2 = set([6, 7, 8, 9])
set3 = set1 & set2              # set1과 set2에 대한 교집합 연산
print set3                      # set3 데이터 모두 출력
```

```
File  Edit  Shell  Debug  Options  Windows  Help

Python 2.7.9 (default, Mar  8 2015, 00:52:26)
[GCC 4.9.2] on linux2
Type "copyright", "credits" or "license()" for more information.
>>> set1 = set([1, 2, 3])
>>> set2 = set([3, 4, 5])
>>> set3 = set1 & set2
>>> print set3
set([3])
>>> set1 = set([1, 2, 3, 4, 5, 6, 7])
>>> set2 = set([6, 7, 8, 9])
>>> set3 = set1 & set2
>>> print set3
set([6, 7])
>>>
```

[그림 5–53] 교집합 연산 결과

C 차집합 구하기

차집합은 한 집합에만 속하고 다른 집합에는 속하지 않는 원소만 갖는 집합을 의미합니다.
집합 자료형에서도 수학에서의 차집합과 의미는 같으며 연산을 하기 위해서는 '–' 기호를
사용합니다.

[코드 5–67] 차집합 구하기

```
set1 = set([1, 2, 3])
set2 = set([3, 4, 5])
set3 = set1 - set2          # set1과 set2에 대한 차집합 연산
print set3                  # set3 데이터 모두 출력


set1 = set([1, 2, 3, 4, 5, 6, 7])
set2 = set([6, 7, 8, 9])
set3 = set1 - set2          # set1과 set2에 대한 차집합 연산
print set3                  # set3 데이터 모두 출력
```

```
File  Edit  Shell  Debug  Options  Windows  Help

Python 2.7.9 (default, Mar  8 2015, 00:52:26)
[GCC 4.9.2] on linux2
Type "copyright", "credits" or "license()" for more information.
>>> set1 = set([1, 2, 3])
>>> set2 = set([3, 4, 5])
>>> set3 = set1 - set2
>>> print set3
set([1, 2])
>>> set1 = set([1, 2, 3, 4, 5, 6, 7])
>>> set2 = set([6, 7, 8, 9])
>>> set3 = set1 - set2
>>> print set3
set([1, 2, 3, 4, 5])
>>>
```

[그림 5-54] 차집합 연산 결과

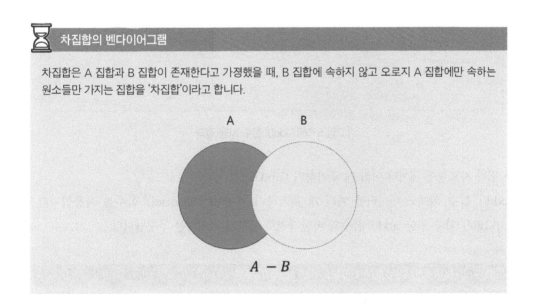

차집합의 벤다이어그램

차집합은 A 집합과 B 집합이 존재한다고 가정했을 때, B 집합에 속하지 않고 오로지 A 집합에만 속하는 원소들만 가지는 집합을 '차집합'이라고 합니다.

A   B

$A - B$

(3) 집합 자료형 관련 함수들

A 집합 자료형의 데이터 관리

• 집합 자료형에 데이터 하나씩 추가하기 ('add()')

집합 자료형 내에 데이터를 하나만 추가하기 위해서는 'add()' 함수를 사용합니다. 중복된 데이터는 무시됩니다.

[코드 5-68] 집합 자료형에 데이터 하나 추가하기

```
set1 = set([1, 2, 3, 4])
set1.add(4)                    # 중복 값 무시
print set1                     # set1 데이터 모두 출력


set1.add(5)                    # 새로운 값 하나 추가
print set1                     # set1 데이터 모두 출력
```

```
File  Edit  Shell  Debug  Options  Windows  Help
Python 2.7.9 (default, Mar  8 2015, 00:52:26)
[GCC 4.9.2] on linux2
Type "copyright", "credits" or "license()" for more information.
>>> set1 = set([1, 2, 3, 4])
>>> set1.add(4)
>>> print set1
set([1, 2, 3, 4])
>>> set1.add(5)
>>> print set1
set([1, 2, 3, 4, 5])
>>>
```

[그림 5-55] 'add()' 함수 사용 결과

• 집합 자료형에 데이터 여러 개 추가하기 ('update()')

'add()' 함수 외에도 데이터를 여러 개 추가하기 위해서는 'update()' 함수를 사용합니다. 'update()' 함수 또한 'add()' 함수와 마찬가지로 중복된 데이터는 무시합니다.

[코드 5-69] 집합 자료형에 데이터 여러 개 추가하기

```
set1 = set([1, 2, 3, 4])
set1.update([5, 6, 7])         # set1에 데이터 5,6,7 추가
print set1                     # set1 데이터 모두 출력


set1.update([6, 7, 8])         # 중복 값 6,7 무시 후 8 추가
print set1                     # set1 데이터 모두 출력
```

```
File  Edit  Shell  Debug  Options  Windows  Help

Python 2.7.9 (default, Mar  8 2015, 00:52:26)
[GCC 4.9.2] on linux2
Type "copyright", "credits" or "license()" for more information.
>>> set1 = set([1, 2, 3, 4])
>>> set1.update([5, 6, 7])
>>> print set1
set([1, 2, 3, 4, 5, 6, 7])
>>> set1.update([6, 7, 8])
>>> print set1
set([1, 2, 3, 4, 5, 6, 7, 8])
>>>
```

[그림 5–56] 'update()' 함수 사용 결과

• 집합 자료형 내 데이터 삭제하기

집합 자료형 내 데이터를 삭제하기 위해서는 'remove()' 함수를 사용합니다.

[코드 5–70] 집합 자료형에 데이터 삭제하기

```
set1 = set([1, 2, 3, 4])
set1.remove(3)          # 집합 set1에서 3 삭제
print set1


set.remove(1)           # 집합 set1에서 1 삭제
print set1
```

```
File  Edit  Shell  Debug  Options  Windows  Help

Python 2.7.9 (default, Mar  8 2015, 00:52:26)
[GCC 4.9.2] on linux2
Type "copyright", "credits" or "license()" for more information.
>>> set1 = set([1, 2, 3, 4])
>>> set1.remove(3)
>>> print set1
set([1, 2, 4])
>>> set1.remove(1)
>>> print set1
set([2, 4])
>>>
```

[그림 5–57] 'remove()' 함수 사용 결과

5.3.9 부울 자료형

부울(Boolean) 자료형이란 '참/거짓(True/False)'을 나타내는 자료형입니다. 부울 자료형은 앞으로 배울 제어문의 조건식이나 자료형의 비교 결과 중 하나로 사용됩니다. 부울 자료형을 생성하기 위해서는 변수에 'True/False' 두 값 중 하나를 할당합니다. 부울 자료형의 'True/False' 는 대·소문자를 반드시 구분하여 작성하여야 합니다. 부울 자료형의 사용 예는 제어문(5.4절)에서 자세히 다룰 것입니다.

[코드 5-71] 부울 자료형의 생성

```
boolean1 = True            # 부울 자료형 True (참) 값 생성
boolean2 = False           # 부울 자료형 False (거짓) 값 생성
print boolean1, boolean2   # 부울 자료형 출력
```

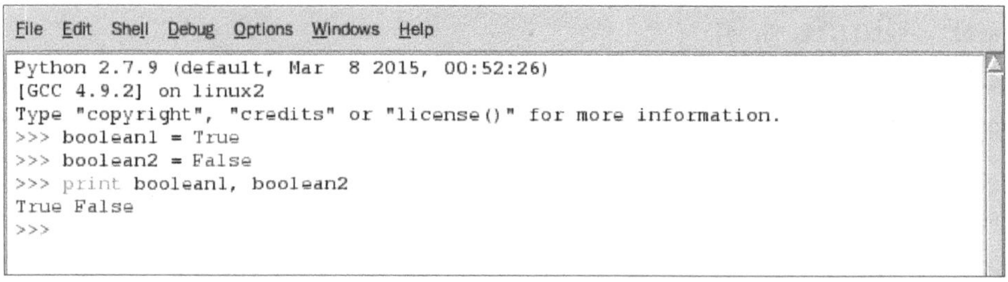

```
File  Edit  Shell  Debug  Options  Windows  Help
Python 2.7.9 (default, Mar  8 2015, 00:52:26)
[GCC 4.9.2] on linux2
Type "copyright", "credits" or "license()" for more information.
>>> boolean1 = True
>>> boolean2 = False
>>> print boolean1, boolean2
True False
>>>
```

[그림 5-58] 부울 자료형의 생성

5.4 파이썬 제어문

제어문이란 프로그램 수행의 흐름을 결정하는 문장입니다. 좀 더 쉽게 설명하면, 교통 신호등과 같이 차량의 이동방향이나 흐름들을 제어하는 것이 바로 제어문입니다. 파이썬에서 제어문은 'if'문, 'for'문, 'while'문 세 가지입니다. 이 절에서는 이 세 가지 제어문에 대한 개념과 사용법을 알아보도록 하겠습니다.

5.4.1 if 문

(1) if 문의 작성

'if'문은 조건식의 '참/거짓' 여부에 따라 2가지로 분기하는 '분기문'입니다. '분기문'이란 여러 선택지 중 하나 밖에 선택하지 못하는 제어문입니다. 먼저 'if'문의 조건식이 '참'일 경우의 분기점을 생성하는 방법은 [예 5-2]와 같습니다. 파이썬은 들여쓰기를 통해 수행할 문장의 범위를 판정하기 때문에 잘못된 간격의 들여쓰기는 오류를 발생시킵니다. 들여쓰기 간격은 꼭 4번 공백문자를 쓸 필요는 없지만, 대부분 파이썬 커뮤니티에서 작성 시에 4번 공백문자를 쓰는 것으로 통용되고 있습니다.

예 5-2	조건이 '참'일 경우의 분기점 생성 방법 (∨ : 공백문자) – 옳은 작성법

```
if ∨조건식:                    # 조건식이 '참'일 경우
∨∨∨∨처리할 문장1
∨∨∨∨처리할 문장2              # 모든 처리할 문장의 들여쓰기 간격이 동일하다
∨∨∨∨처리할 문장3
```

예 5-3	조건이 '참'일 경우의 분기점 생성 방법 (∨ : 공백문자) – 잘못된 작성법

```
if ∨조건식:                    # 조건식이 '참'일 경우
∨∨∨∨처리할 문장1
∨∨처리할 문장2                # 균일하지 않은 들여쓰기 간격은 오류를 발생시킴
∨처리할 문장3
```

이어 조건식이 '거짓'일 경우의 분기점 생성 방법은 [예 5-4]와 같습니다. '거짓' 분기점의 경우 '참' 조건식처럼 단독으로 쓰일 수는 없고, 무조건 '참' 분기점이 존재하여야 쓰일 수 있습니다.

예 5-4	조건이 '거짓' 일 경우 분기점 생성 방법 (∨ : 공백문자) – 옳은 작성법

```
if∨조건식:                          # 조건식이 '참'일 경우
∨∨∨∨수행할 문장1
∨∨∨∨수행할 문장2
∨∨∨∨수행할 문장3
else:                              # 조건식이 '거짓'일 경우
∨∨∨∨수행할 문장1
∨∨∨∨수행할 문장2
∨∨∨∨수행할 문장3
```

앞서 소개한 [예 5-2]와 [예 5-4]의 방법들은 한번에 다양한 조건들을 수용할 수 없는 구조이고, 다양한 조건을 수용하기 위해서는 '거짓' 범위에 해당하는 '수행할 문장'에 다시 'if'문을 작성하여 점점 더 구조가 깊어지는 [예 5-5]와 같은 복잡한 제어문을 만들어야 합니다.

예 5-5	다양한 조건을 수용하기 위한 'if'문 구조

```
if 조건식1:                         # 조건식1이 참인가?
    수행할 문장1
    수행할 문장2
else:                              # 조건식1이 '거짓'일 경우
    if 조건식2:                     # 조건식1이 아니면 조건식2는 참인가?
        수행할 문장1
    else:
        if 조건식3:                 # 조건식2가 아니면 조건식3은 참인가?
            수행할 문장1
            수행할 문장2
...
```

[예 5-5]를 보더라도 조건식이 3개만 됐을 뿐인데, 점점 더 코드의 가독성이 떨어지고, 들여쓰기에 들어가는 공백 문자도 최대 12개(한 들여쓰기 당 4개의 공백문자)가 들어가는 등코드의 작성이 매우 불편하게 됩니다. 이를 해결하기 위해 'if'문에는 'elif'라는 키워드가 존재합니다. 'elif'의 사용 예는 [예 5-6]과 같습니다.

예 5-6	'elif' 키워드 사용 방법

```
if 조건식1:                    # 조건식1이 참인가?
    수행할 문장1
    수행할 문장2
elif 조건식2:                  # 조건식1이 아니면 조건식2는 참인가?
    수행할 문장3
    수행할 문장4
elif 조건식3:                  # 조건식2가 아니면 조건식3은 참인가?
    수행할 문장5
    수행할 문장6
else:                         # 위의 모든 조건식들에 부합하지 않으면 다음을 수행
    수행할 문장7
    수행할 문장8
```

(2) 조건식의 작성

앞서 'if'문의 구조와 작성법을 알았으니 if문의 핵심요소인 조건식에 대해서 알아보도록 하겠습니다. 조건식이란 연산을 했을 때 '참' 또는 '거짓'을 도출할 수 있는 식을 말합니다. 예를 들어 '1+1=?'처럼 값을 구하는 식이 아닌 '1+1=2' 같은 결과를 '참' 또는 '거짓'으로 말할 수 있는 것입니다. 조건식은 항상 '비교 연산자'를 통해 연산이 됩니다. 비교 연산자란 말 그대로 두 값의 크기를 비교해주는 기능을 합니다. 비교 연산자의 종류와 설명은 [표 5-6]과 같습니다.

[표 5-6] 비교 연산자의 종류

비교 연산자	요약	설명
x > y	초과	x가 y보다 크다
x >= y	이상	x가 y보다 같거나 크다
x < y	미만	x가 y보다 작다
x <= y	이하	x가 y보다 같거나 작다
x == y	같다	x와 y가 같다.
x != y	같지 않다.	x와 y가 같지 않다.

'조건식'은 오직 2개의 값으로만 비교되어야 합니다. 2개 이상의 값을 비교하기 위해서는 특별한 연산자를 사용하여야 합니다. 특별한 연산자란 바로 'and', 'or', 'in', 그리고 'not' 등의 논리 연산자를 말합니다. 논리 연산의 역할은 [표 5-7]과 같습니다.

[표 5-7] 논리 연산자의 종류 및 각 연산자의 설명

논리 연산자	형식	설명
and	조건1 and 조건2	두 조건이 모두 '참' 일 때 '참'
or	조건1 or 조건2	두 조건 중 하나만 '참' 일 때 '참'
not	not 조건1	조건이 '참'일 때 '거짓', 조건이 '거짓'일 때 '참'

먼저 'and' 논리 연산에 대해 알아보도록 하겠습니다. 'and' 연산은 비교할 두 조건이 모두 '참' 일 때만 결과를 '참'으로 반환하는 연산자입니다. 예를 들어 사람과 만나는 약속을 할 때 약속 시간(조건 1)과(and) 장소(조건 2)가 만나는 사람들끼리 모두 일치하여야만 만날 수 있는 것과 같습니다. if 문의 조건식에서 'and' 연산자의 사용 예는 [예 5-7]과 같습니다. 각 조건은 ( ) (소괄호)로 감쌀 필요는 없지만, 가독성을 위해 종종 사용됩니다.

예 5-7	'and' 연산 사용

```
if (10 < x) and (x > 20):        # x값이 10보다 크고, 20보다 작은가?
    수행할 문장1
    수행할 문장2
```

두 번째로 알아볼 논리 연산자는 or 입니다. or 연산은 비교할 두 조건 중 하나만이라도 '참' 이면 결과를 '참'으로 반환하는 연산자입니다. 'or' 연산이 실생활에 적용되는 예는 물건을 살 때 현금결제(조건 1)이나(or) 카드결제(조건 2)로 진행하는 예가 바로 'or' 연산의 예입니다. if 문의 조건식에서 'or' 연산자의 사용 예는 [예 5-8]과 같습니다.

예 5-8   or 연산 사용

```
haveMoney = True              # 현금을 가지고 있다.
haveCreditCard = False        # 신용카드는 없다.

if haveMoney or haveCreditCard:   # 현금이나 신용카드가 있는가?
    수행할 문장1
    수행할 문장2
```

마지막으로 알아볼 논리 연산자는 'not' 논리 연산자입니다. 'not' 연산자는 조건의 결과를 반대로 반환해주는 연산자입니다. 'not' 연산이 주로 사용되는 경우는 조건이 '거짓'일 때만 동작하는 기능을 만들 때 else문을 추가로 작성하지 않고, if문만 사용하기 위해 사용합니다. [예 5-9]와 [예 5-10]을 비교하면 'not' 연산자의 유무에 따라 문장이 복잡해지거나 간결해지는 것을 볼 수 있습니다.

예 5-9   'not' 연산을 사용하지 않고 '거짓' 조건 수행 문장 작성

```
if x > 30:              # '참'일 조건은 수행할 문장이 없으므로 생략
else:                   # x 값이 30을 넘지 않으면 아래 문장 수행
    수행할 문장1
    수행할 문장2
```

예 5-10   'not' 연산을 사용하여 '거짓' 조건 수행 문장 작성

```
if not x > 30:          # x 값이 30을 넘지 않으면 아래 문장 수행 (not 연산자 사용)
    수행할 문장1
    수행할 문장2
```

논리 연산과 별개로 파이썬에는 특별한 연산자가 존재합니다. 바로 'in'이란 연산자입니다. 'in' 연산자는 '문자열', '리스트', '튜플', '집합' 등 한 자료형 안에 여러 데이터가 있는 자료형에 대해서 특정 데이터가 존재하는지를 '참', '거짓'으로 알려줍니다. 'in' 연산자 또한 다른 논리 연산자와 마찬가지로 'not' 연산자를 함께 사용할 수 있습니다. 'in' 연산자의 사용 예는 [코드 5-72]와 같습니다.

[표 5–8] 'in' 연산자 작성 방법

작성 방법 ('not' 미포함)	작성 방법 ('not' 포함)
검색값 in 문자열	검색값 not in 문자열
검색값 in 리스트	검색값 not in 리스트
검색값 in 튜플	검색값 not in 튜플
검색값 in 집합	검색값 not in 집합

[코드 5–72] 'in' 연산자의 사용

```
print 'a' in 'apple'              # apple 문자열에 'a'가 존재하는가?
print 3 in [1, 2, 3, 4]           # 리스트 (1, 2, 3, 4)에 3이 존재하는가?
print 2 in (1, 2, 3, 4)           # 튜플 (1, 2, 3, 4)에 2가 존재하는가?
print 6 in set([1, 2, 3, 4])      # 집합 (1, 2, 3, 4)에 6이 존재하는가?


print 'n' not in 'apple'          # apple 문자열에서 'n'가 존재하지 않는가?
print 10 not in [1, 2, 3, 4]      # 리스트 (1, 2, 3, 4)에 10이 존재하지 않는가?
print 2 not in (1, 2, 3, 4)       # 튜플 (1, 2, 3, 4)에 2가 존재하지 않는가?
print 0 not in set([1, 2, 3, 4])# 집합 (1, 2, 3, 4) 0이 존재하지 않는가?
```

```
File  Edit  Shell  Debug  Options  Windows  Help
Python 2.7.9 (default, Mar  8 2015, 00:52:26)
[GCC 4.9.2] on linux2
Type "copyright", "credits" or "license()" for more information.
>>> print 'a' in 'apple'
True
>>> print 3 in [1, 2, 3, 4]
True
>>> print 2 in (1, 2, 3, 4)
True
>>> print 6 in set([1, 2, 3, 4])
False
>>> print 'n' not in 'apple'
True
>>> print 10 not in [1, 2, 3, 4]
True
>>> print 2 not in (1, 2, 3, 4)
False
>>> print 0 not in set([1, 2, 3, 4])
True
>>>
```

[그림 5–59] 'in' 연산자의 사용 결과

5.4.2 for 문

'for'문은 일정 수만큼 수행할 문장을 반복시키는 '반복 제어문'입니다. 'for'문은 앞으로 배울 'while'문 보다 명확하고 이해하기 쉬운 구조를 가지고 있습니다.

(1) for문의 기본 구조

'for'문의 기본 구조는 [예 5-11]과 같습니다. '반복자'는 'for'문 내의 수행할 문장들을 얼마나 반복할지에 대한 횟수를 정하는 역할을 담당합니다. '반복자'에 들어갈 내용은 각종 자료형들(문자열, 리스트, 튜플, 집합)이나 'range()'함수를 이용하여 직접 반복횟수를 정할 수 있습니다. '변수'는 '반복자'의 내용을 'for'문 범위 내에서 임시로 저장하고 있는 역할을 합니다. '반복자의 내용'이란 각 자료형의 데이터들을 의미합니다. 예를 들어 '반복자'가 리스트이고 리스트의 데이터가 [1, 2, 3, 4]라 가정하면, '변수'에 담기는 내용은 리스트의 데이터 '1, 2, 3, 4'가 for문이 한 번씩 반복될 때마다 차례대로 하나씩 담기게 됩니다. '반복자'와 '변수'의 사용 예는 [코드 5-73]과 같습니다.

예 5-11	for문의 기본구조

```
for 변수 in 반복자:
    수행할 문장1
    수행할 문장2
    수행할 문장3
    ...
```

[코드 5-73] 반복자와 변수의 사용

```
for i in ['a', 'b', 'c', 'd']:      # 리스트 데이터 개수만큼 반복
    print i


for i in (1, 2):                    # 튜플 데이터 개수만큼 반복
    print i
```

```
for i in 'Good morning!':        # 문자열 글자 개수만큼 반복
    print i


for i in set([3, 5, 7]):         # 집합 데이터 개수만큼 반복
    print i
```

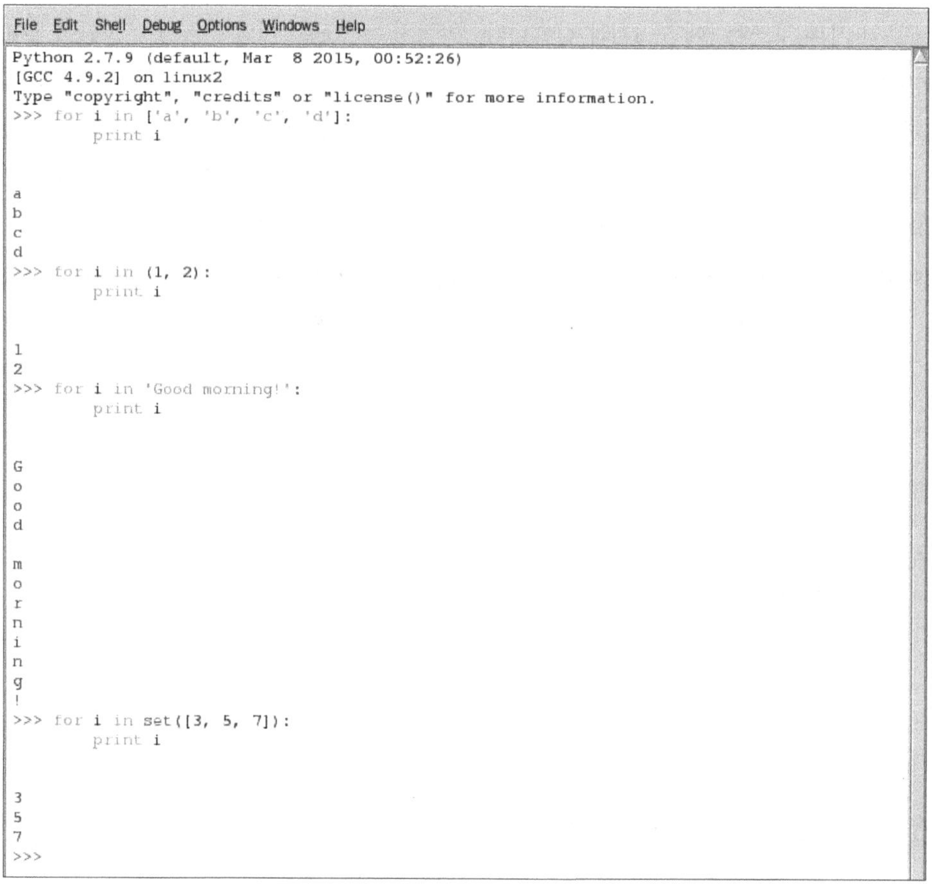

```
File  Edit  Shell  Debug  Options  Windows  Help
Python 2.7.9 (default, Mar  8 2015, 00:52:26)
[GCC 4.9.2] on linux2
Type "copyright", "credits" or "license()" for more information.
>>> for i in ['a', 'b', 'c', 'd']:
        print i

a
b
c
d
>>> for i in (1, 2):
        print i

1
2
>>> for i in 'Good morning!':
        print i

G
o
o
d

m
o
r
n
i
n
g
!
>>> for i in set([3, 5, 7]):
        print i

3
5
7
>>>
```

[그림 5-60] for 문의 반복자와 변수 사용 결과

for문의 'range()' 함수

for문에서 '반복자'로 사용할 수 있는 것은 다양한 자료형(문자열, 리스트, 튜플 등)과 'range()'함수를 통해 범위를 지정하고 원하는 만큼 반복시킬 수 있습니다. 'range()' 함수는 'range(시작 번호, 끝 번호)'로 작성합니다. '시작 번호'에는 자신이 원하는 시작 숫자값을 적어놓고, '끝 번호'는 미만을 의미하기 때문에 끝나길 원하는 숫자값에 1을 더하여야 합니다.

[코드 5-74] for문의 'range()'의 함수 사용 예

```
for i in range(0, 4):          # 0부터 4미만까지 1씩 차례대로 증가하며 반복
    print '현재 i의 값 : ' + str(i)


for i in range(4, 9):          # 4부터 9미만까지 1씩 차례대로 증가하며 반복
    print '현재 i의 값 : ' + str(i)
```

(2) for문의 반복 흐름 제어

for문을 이용하여 문장들을 수행하다보면 특정 시점에 반복을 그만두고 for문을 완전히 빠져나오거나 for문 내 몇몇 문장들을 실행하지 않고 다시 처음부터 반복시켜야할 때가 있습니다. 이런 제어를 하기 위해 예약어 break와 continue 두 예약어가 존재합니다. break는 for문의 반복을 즉시 중단시키고, for문의 범위를 벗어나게 해 주는 역할을 수행합니다. continue는 for문에서 반복할 수행 문장들이 존재하더라도 continue를 만나면, 무조건 for문 범위 내 첫 문장부터 다시 반복시키는 역할을 수행합니다. 두 예약어 모두 특정한 조건에 사용되는 예약어라 대부분 for문 내에 if문을 사용하여 조건을 생성한 뒤 예약어가 작동되도록 작성합니다. 사용 예는 [코드 5-75]와 같습니다.

[코드 5-75] for문의 break, continue 예약어의 사용

```
for i in ['a', 'b', 'c', 'd']:    # 리스트 데이터 개수만큼 반복
    print i                        # 리스트 내 데이터 출력
    if i == 'c':                   # 만약 리스트 데이터 i가 문자 'c' 라면
        break;                     # 반복을 중단하고 for문을 벗어남
```

```
for i in (1, 2, 3, 4, 5, 6):
    print 'Good morning!' + str(i)


    if i == 3:                  # i가 3이라면
        continue                # 반복문을 다시 처음 문장부터 시작
    print 'Hello Python!' + str(i)
```

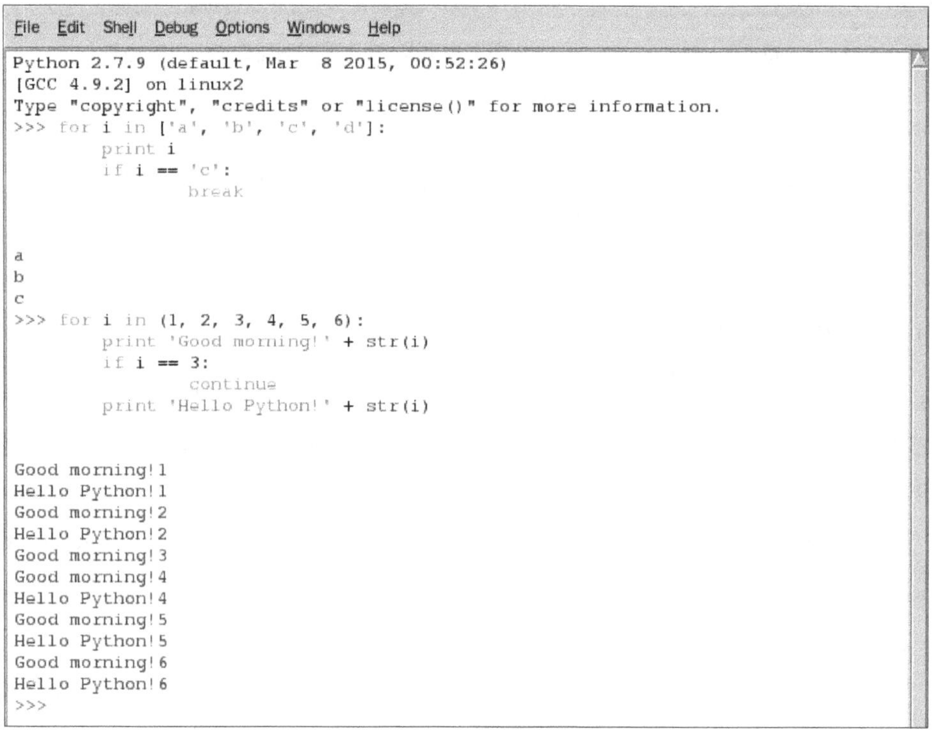

```
File  Edit  Shell  Debug  Options  Windows  Help
Python 2.7.9 (default, Mar  8 2015, 00:52:26)
[GCC 4.9.2] on linux2
Type "copyright", "credits" or "license()" for more information.
>>> for i in ['a', 'b', 'c', 'd']:
        print i
        if i == 'c':
                break


a
b
c
>>> for i in (1, 2, 3, 4, 5, 6):
        print 'Good morning!' + str(i)
        if i == 3:
                continue
        print 'Hello Python!' + str(i)


Good morning!1
Hello Python!1
Good morning!2
Hello Python!2
Good morning!3
Good morning!4
Hello Python!4
Good morning!5
Hello Python!5
Good morning!6
Hello Python!6
>>>
```

[그림 5-61] break와 continue 예약어 사용 결과

5.4.3 while 문

'while'문은 'for'문과 비슷한 반복문이지만, 'for'와는 다르게 반복횟수를 지정하는 대신 '조건식'이 '참'일 때 계속 반복하는 반복문입니다.

(1) while문의 구조

while문의 기본 구조는 [예 5-12]와 같습니다. 구조는 for문보다 간단하지만, 조건식에 따라 무한 반복이 될 수 있기에 조건을 잘 따져 자신의 의도에 맞는 '조건식'을 작성하여야 합니다.

예 5-12 while문의 기본구조

```
while 조건식:
    수행할 문장1
    수행할 문장2
    수행할 문장3
...
```

[코드 5-76] while문의 작성

```
x = 0                               # 조건식을 위한 변수 생성


while x < 8:                        # x가 8보다 작으면 반복문 수행
    print '현재의 x 값 : ' + str(x)
    x = x + 1                       # x 값을 1 증가
```

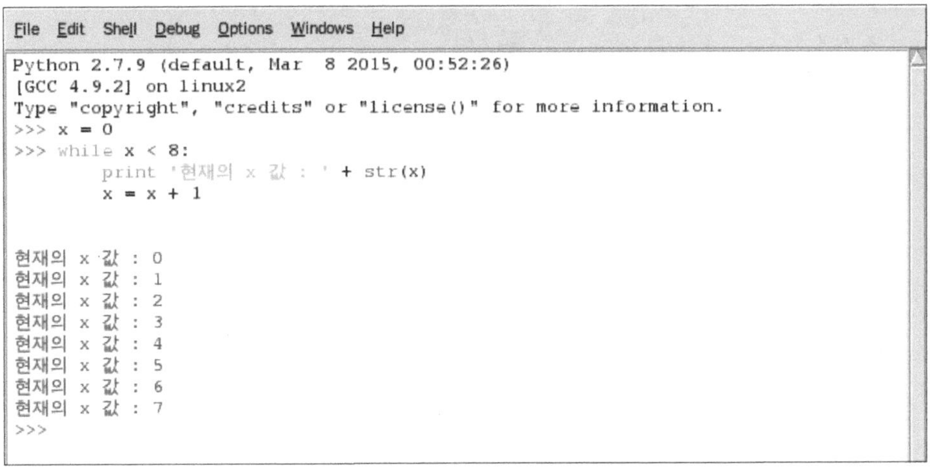

```
File  Edit  Shell  Debug  Options  Windows  Help

Python 2.7.9 (default, Mar  8 2015, 00:52:26)
[GCC 4.9.2] on linux2
Type "copyright", "credits" or "license()" for more information.
>>> x = 0
>>> while x < 8:
        print '현재의 x 값 : ' + str(x)
        x = x + 1


현재의 x 값 : 0
현재의 x 값 : 1
현재의 x 값 : 2
현재의 x 값 : 3
현재의 x 값 : 4
현재의 x 값 : 5
현재의 x 값 : 6
현재의 x 값 : 7
>>>
```

[그림 5-62] while문 작성 결과

(2) while문의 반복 흐름 제어

'while'문 또한 'for'문과 마찬가지로 반복의 흐름을 제어하기 위한 예약어 'break'와 'continue'가 존재합니다. 사용법과 기능은 동일합니다. 'while'문 상에서의 'break'와 'continue' 사용 방법은 [코드 5-77]과 같습니다.

[코드 5-77] while문의 반복 흐름 제어

```
x = 0                                   # 조건식을 위한 변수 생성


while x < 7:                            # x가 7보다 작으면 반복문 수행
    if x > 4:                          # x가 4보다 크다면
        break                          # 반복문 중지
    print '현재의 x 값 : ' + str(x)
    x = x + 1                          # x 값을 하나 증가시킴


x = 0                                   # x 값 0으로 초기화
while x < 5:
    print '첫 번째 문장'
    if x > 1:
        x = x + 1
        continue                       # 반복문 처음 문장으로 이동
    print '두 번째 문장'
    x = x + 1
```

```
File  Edit  Shell  Debug  Options  Windows  Help

Python 2.7.9 (default, Mar  8 2015, 00:52:26)
[GCC 4.9.2] on linux2
Type "copyright", "credits" or "license()" for more information.
>>> x = 0
>>> while x < 7:
        if x > 4:
                break
        print '현재의 x 값 : ' + str(x)
        x = x + 1


현재의 x 값 : 0
현재의 x 값 : 1
현재의 x 값 : 2
현재의 x 값 : 3
현재의 x 값 : 4
>>> x = 0
>>> while x < 5:
        print '첫 번째 문장'
        if x > 1:
                x = x + 1
                continue
        print '두 번째 문장'
        x = x + 1


첫 번째 문장
두 번째 문장
첫 번째 문장
두 번째 문장
첫 번째 문장
첫 번째 문장
첫 번째 문장
>>>
```

[그림 5-63] while문에서 break, continue 사용 결과

5장에서는 기본적인 파이썬의 개념과 구조, 자료형 등에 대해서 알아 보았습니다. 파이썬은 외부 센서를 다루는 6장과 실제 DIY 장치를 만들어 보는 7장에서 사용될 것이므로, 잘 이해하고 있어야 합니다.

CHAPTER **6**

센서 다루기

◎ **학습목표**

- 외부 센서의 종류와 기능을 배운다.
- 라즈베리파이 보드와 외부 센서를 연결하는 방법을 배운다.
- 각 센서들의 사용법에 익숙해 진다.
- 각 센서들을 이용해 다양한 DIY 제품 제작의 초석을 다진다.

6.1 준비물

먼저 다양한 종류의 센서를 다루기 위해 어떠한 준비물 들이 필요한지 그리고 각 부품들이 어떤 기능을 하는지에 대해서 알아 보겠습니다. 이 책에서는 대부분의 센서와 부품들은 Sunfounder 사의 'Sensor kit V2.0 for 라즈베리파이 B+'를 사용하였습니다.

(1) 라즈베리파이 3 모델 B 보드

(2) 브레드보드

브레드보드는 부품들을 고정할 수 있도록 많은 구멍을 포함하고 있는 기판으로서, 내부에 철판이 여러 구역으로 나누어져 있어 센서들이나 부품들을 연결할 때 납땜을 하지 않고 손쉽게 연결할 수 있도록 도와주는 주변장치입니다. 크기는 매우 다양해서 자신이 구성하려고 하는 전기회로의 복잡도에 따라, 간단하면 작은 브레드보드를, 복잡하면 큰 브레드보드를 선택하는 것이 좋습니다.

[그림 6-1] 브레드 보드

(3) 점퍼 와이어

점퍼 와이어는 외부 센서나 부품을 연결하는 선입니다. 점퍼 와이어도 브레드보드와 마찬가지로 길이나 끝 모양이 다를 수 있습니다. 가장 많이 쓰이는 점퍼 와이어는 양끝이 핀인 점퍼 와이어입니다. 라즈베리파이 보드와 외부 센서를 연결하기 위해서는 한쪽이 '소켓'이고, 한쪽이 '핀'인 점퍼 와이어를 사용하여야 합니다.

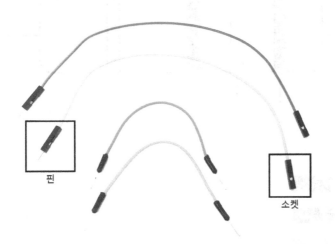

[그림 6-2] 점퍼 와이어의 핀과 소켓

(4) 전기저항

저항은 전류의 흐름을 방해하여 약하게 하는 역할을 합니다. 모든 외부 센서나 부품들은 최대 전류량을 가지고 있고, 이를 넘어가는 전류량이 회로에 흐르면 손상이 될 수 있습니다. 전기저항은 전류량을 약하게 하여 회로 손상을 방지할 수 있습니다.

[그림 6-3] 1/4와트 전기저항의 모양

⧗ 저항의 색 띠 읽는 법

저항을 자세히 보면 여러 색깔 띠가 둘러져 있는 것을 볼 수 있습니다. 이 색 띠는 해당 저항의 강도를 나타
내는 색 띠로 각 색깔은 [표 6-1]과 같은 의미를 지니고 있습니다. 그림의 색띠를 가진 저항의 값을 유추해
보면, 순서가 빨강, 노랑, 검정, 금색이니 24*1 = 24Ω이고, 오차범위는 5% 이내이므로 24Ω에서 22.8 ~
25.2Ω의 저항을 갖는다는 것을 알 수 있습니다.

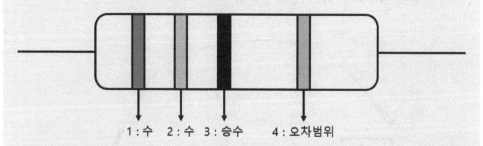

색상	색상명	수	승수	오차범위
	검정색	0	1	
	갈색	1	10	1%
	빨간색	2	100	2%
	주황색	3	1000	
	노란색	4	10000	
	초록색	5	100000	
	파란색	6	1000000	
	보라색	7	10000000	
	회색	8	100000000	
	흰색	9	1000000000	
	금색			5%
	은색			10%

(5) GPIO 확장 보드

GPIO 확장보드는 복잡한 라즈베리파이 보드의 GPIO 핀 배열을 쉽게 볼 수 있도록 도와주는 악세서리입니다.

[그림 6-4] GPIO 확장보드

(6) LED

LED는 일정한 전류를 양극(다리가 긴 쪽)에서 음극(다리가 짧은 쪽)으로 흘리면 빛을 발하는 반도체 소자입니다. LED는 6.3절에서 좀 더 자세히 설명하겠습니다.

[그림 6-5] 여러 색깔의 LED

(7) RGB LED

RGB(Red, Green, Blue) LED는 하나의 LED로 여러 색상을 표현할 수 있는 LED입니다. RGB LED는 6.5절에서 좀더 자세히 설명하겠습니다.

[그림 6–6] RGB LED(좌), Sunfounder의 RGB LED 모듈(우)

(8) 버튼

버튼은 눌리지 않은 상태에선 마주보는 핀에만 전류가 흐르지만, 버튼이 눌렸을 땐 모든 핀이 연결이 되어 전류가 흐르는 부품입니다.

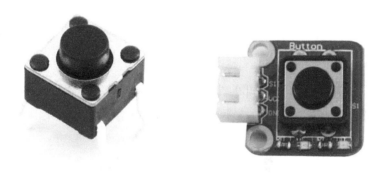

[그림 6–7] 일반 버튼(좌), Sunfounder의 버튼 모듈(우)

(9) LCD 디스플레이 모듈

LCD 디스플레이 모듈 I2C LCD1602는 2행 16열의 총 32개의 문자를 표현할 수 있는 액정 디스플레이 장치입니다. 총 16개의 핀을 요구하는 액정 디스플레이의 핀 수를 줄이고자, PCF8574라는 I2C 인터페이스 칩을 액정 디스플레이 뒷면에 장착함으로서 16개의 요구핀을 4개의 요구핀으로 줄일 수 있었기에 PCF8574칩을 같이 사용하는 액정 디스플레이의 명칭을 I2C LCD1602라 합니다.

[그림 6-8] 액정 디스플레이(좌), PCF8574 칩(우)

(10) 라즈베리파이 카메라 모듈

라즈베리파이 카메라 모듈은 라즈베리파이 보드에서 직접 사진과 동영상을 촬영할 수 있도록 만들어주는 확장 모듈입니다. 크기는 3cm×3cm 이내로 작은 편이지만, 8메가 픽셀(Pixel)이란 고성능의 카메라를 장착하고 있으며, 동영상 촬영 시 1080p 30프레임*, 720p 60프레임, 640×480p 60/90 프레임을 지원하는 상당히 강력한 성능을 자랑합니다.

[그림 6-9] 라즈베리파이 카메라 모듈

용어 해설

▪ 프레임: 프레임이란 동영상 내에서 정지화면의 단위를 뜻합니다. 예를 들어 30프레임이 뜻하는 것은 1초에 30번의 정지화면이 재생되는 것을 뜻하고, 60프레임은 1초에 60번의 정지화면이 재생되는 것을 뜻합니다. 프레임이 높을수록 재생되는 정지화면의 수가 많아지기에 동영상 내에 사물의 움직임이 부드러워 보입니다.

6.2 전기회로 구성하기

전기회로를 구성하기 전 가장 기본적으로 알아야할 것은 회로에 들어가는 전류량을 제어하는 법을 알아야 합니다. 예를 들어 110V 가전제품을 단순히 어댑터로만 플러그를 변환하여 220V 콘센트에 연결하면 제품이 고장나듯이 회로를 구성할 때도 필요한 전류량을 계산하지 않고 회로를 구성한다면 라즈베리파이 보드와 외부 센서나 부품에 손상을 줄 수 있습니다. 여기서는 각 부품의 필요 전류량을 계산하는 '옴의 법칙'에 대해서 알아보겠습니다. 옴의 법칙이란 도체의 두 지점사이에 나타나는 전위차*에 의해서 흐르는 전류가 일정한 법칙을 따르는 것을 의미합니다. '옴의 법칙'의 요소는 'V (볼트:전압)', 'I (암페어:전류)', 'R (옴:저항)'으로 이루어져 있습니다. 각 요소를 구하기 위해서는 다음과 같은 수식이 존재합니다.

$$전류(A) = \frac{전압(V)}{저항(\Omega)}, \ I = \frac{V}{R}, \ V = I \times R, \ R = \frac{V}{I}$$

[수식 6-1] 옴의 법칙 공식

- V (Voltage : 전압 [V])
- I (Intensity : 전류 [A])
- R (Resistance : 저항 [Ω])

이것을 [그림 6-10]으로 편리하게 표현할 수 있는데, 구하려는 요소를 가린 뒤, '나머지 요소'가 '가로로 붙어있다면, 곱셈'을 하고, '세로로 붙어있다면, 나눗셈'을 수행하면, '옴의 법칙 공식과 일치한다'라는 것을 알려줍니다.

[그림 6-10] 옴의 법칙 공식을 쉽게 표현한 그림

이 책에서는 '옴의 법칙'에서 주로 '저항'을 구하는 공식을 자주 사용하게 될 것입니다. 이해를 돕기 위해 LED를 켜는 회로를 구성한다고 가정하였을 때, 적절한 저항을 구하는 법을 알아보겠습니다.

예 6-1   LED 회로 구성의 적절한 저항값 구하기

LED의 최대 전류(Forward Current) : 30mA
라즈베리파이 보드 GPIO 입/출력 전압 : 3.3V

적절한 저항 계산

$$R = \frac{V}{I} \rightarrow R = \frac{3.3\,V}{0.03\,A} \rightarrow R = 110, \therefore 110\Omega$$

[예 6-1]과 같이 저항을 계산할 때 몇 가지 알아두어야 할 것이 있는데, 우선 각 외부 센서나 부품들은 가해지는 최대 전류량이 있다는 것입니다. 이는 제품을 살 때 매뉴얼에 모두 나와 있으니 꼭 사용하기 전 알아두어야 합니다. 그리고 라즈베리파이 보드의 출력 전압은 3.3V 또는 5V라는 것입니다. 따라서 저항을 계산할 때 'V(전압)'은 3.3이나 5로 계산하여야 합니다.

용어 해설 ▪ 전위차: 전위차란 두 전극 (양극과 음극) 사이에 존재하는 각 전자가 갖는 위치 에너지의 차이 입니다. 이 전위차 때문에 전류가 양극에서 음극으로 흐를 수 있는 것입니다.

❗ 주의 라즈베리파이 보드의 입력 전압

라즈베리파이 보드의 입력 전압은 3.3V입니다. 만약 라즈베리파이 보드에 3.3V 이상의 전압이 가해지면 라즈베리파이 보드가 손상될 수 있습니다.

6.3 GPIO 모듈 둘러보기

6.3.1 GPIO 제어를 위한 Wiring Pi 모듈 설치

GPIO(General Purpose Input/Output)란 마이크로프로세서가 주변장치와 통신하기 위해 범용으로 사용되는 입출력 포트입니다. 여기서 주변장치란 외부 센서나 부품들을 가리킵니다. 라즈비안에는 라즈베리파이 보드에 있는 GPIO를 제어하기 위한 라이브러리가 기본으로 설치되어 있지만, SPI, I2C, PWM(Pulse Width Modulation) 등을 지원하지 않으므로 이 책에서는 외부 'Wiring Pi' 모듈을 별도로 설치하여 다룰 것입니다. Wiring Pi 모듈은 SPI, I2C, PWM 등을 모두 지원할 뿐만 아니라 별도의 유틸리티를 지원하여 사용이 편리하게 되어 있는 것이 특징입니다.

예 6-2	Wiring Pi 모듈 설치

```
sudo apt-get update
sudo apt-get upgrade
sudo apt-get install python-dev python-pip
git clone git://git.drogon.net/wiringPi
cd wiringPi
git pull origin
./build
cd ~
git clone https://github.com/Gadgetoid/WiringPi2-Python.git
cd WiringPi2-Python
sudo python setup.py install
```

!주의

모듈 설치를 진행하기 전 반드시 인터넷에 연결되어 있는지 확인하여야 합니다. 인터넷이 연결되어 있지 않으면 진행이 되지 않습니다.

6.3.2 GPIO 제어를 위한 Wiring Pi 모듈 설치 확인

6.3.1 절에서 'Wiring pi' 모듈을 설치하였다면, 'Wiring Pi' 모듈에서 제공하는 유틸리티를 실행시켜 제대로 동작하는지 확인하여야 합니다. 제대로 설치되었다면 [예 6-3]와 같이 터미널에서 명령을 입력했을 때 [그림 6-11]과 같은 결과를 볼 수 있습니다.

예 6-3	Wiring Pi 모듈 설치 확인

```
gpio -v
gpio readall
```

```
파일(F)  편집(E)  탭(T)  도움말(H)
pi@raspberrypi:~ $ gpio -v
gpio version: 2.36
Copyright (c) 2012-2015 Gordon Henderson
This is free software with ABSOLUTELY NO WARRANTY.
For details type: gpio -warranty

Raspberry Pi Details:
  Type: Pi 3, Revision: 02, Memory: 1024MB, Maker: Sony
  * Device tree is enabled.
  *--> Raspberry Pi 3 Model B Rev 1.2
  * This Raspberry Pi supports user-level GPIO access.
```

```
파일(F)  편집(E)  탭(T)  도움말(H)
pi@raspberrypi:~ $ gpio readall
+-----+-----+---------+------+---+---Pi 3---+---+------+---------+-----+-----+
| BCM | wPi |   Name  | Mode | V | Physical | V | Mode |   Name  | wPi | BCM |
+-----+-----+---------+------+---+----++----+---+------+---------+-----+-----+
|     |     |    3.3v |      |   |  1 || 2  |   |      | 5v      |     |     |
|   2 |   8 |   SDA.1 |   IN | 1 |  3 || 4  |   |      | 5v      |     |     |
|   3 |   9 |   SCL.1 |   IN | 1 |  5 || 6  |   |      | 0v      |     |     |
|   4 |   7 |  GPIO.7 |   IN | 0 |  7 || 8  | 0 |   IN | TxD     | 15  | 14  |
|     |     |      0v |      |   |  9 || 10 | 1 |   IN | RxD     | 16  | 15  |
|  17 |   0 |  GPIO.0 |   IN | 0 | 11 || 12 | 0 |   IN | GPIO.1  | 1   | 18  |
|  27 |   2 |  GPIO.2 |   IN | 0 | 13 || 14 |   |      | 0v      |     |     |
|  22 |   3 |  GPIO.3 |   IN | 0 | 15 || 16 | 0 |   IN | GPIO.4  | 4   | 23  |
|     |     |    3.3v |      |   | 17 || 18 | 0 |   IN | GPIO.5  | 5   | 24  |
|  10 |  12 |    MOSI |   IN | 0 | 19 || 20 |   |      | 0v      |     |     |
|   9 |  13 |    MISO |   IN | 0 | 21 || 22 | 0 |   IN | GPIO.6  | 6   | 25  |
|  11 |  14 |    SCLK |   IN | 0 | 23 || 24 | 1 |   IN | CE0     | 10  | 8   |
|     |     |      0v |      |   | 25 || 26 | 1 |   IN | CE1     | 11  | 7   |
|   0 |  30 |   SDA.0 |   IN | 1 | 27 || 28 | 1 |   IN | SCL.0   | 31  | 1   |
|   5 |  21 | GPIO.21 |   IN | 1 | 29 || 30 |   |      | 0v      |     |     |
|   6 |  22 | GPIO.22 |   IN | 1 | 31 || 32 | 0 |   IN | GPIO.26 | 26  | 12  |
|  13 |  23 | GPIO.23 |   IN | 0 | 33 || 34 |   |      | 0v      |     |     |
|  19 |  24 | GPIO.24 |   IN | 0 | 35 || 36 | 0 |   IN | GPIO.27 | 27  | 16  |
|  26 |  25 | GPIO.25 |   IN | 0 | 37 || 38 | 0 |   IN | GPIO.28 | 28  | 20  |
|     |     |      0v |      |   | 39 || 40 | 0 |   IN | GPIO.29 | 29  | 21  |
+-----+-----+---------+------+---+----++----+---+------+---------+-----+-----+
| BCM | wPi |   Name  | Mode | V | Physical | V | Mode |   Name  | wPi | BCM |
+-----+-----+---------+------+---+---Pi 3---+---+------+---------+-----+-----+
```

[그림 6-11] gpio -v 실행 결과 (위), gpio readall 실행 결과 (아래)

6.3.3 Wiring Pi 모듈 둘러보기

회로를 구성한 뒤 라즈베리파이 보드의 GPIO를 제어하기 위해서는 파이썬의 GPIO 모듈을 사용하여야 합니다. 따라서 이 섹션에서는 GPIO 모듈을 어떻게 import 하고, GPIO 모듈 안의 메소드들의 종류와 기능을 알아보도록 하겠습니다. 먼저 GPIO 모듈을 import 하기 위해서 [코드 6-1]을 삽입합니다.

[코드 6-1] Wiping Pi 모듈을 사용하기 위해 import

```
import wiringpi2
```

이어 Wiring Pi 모듈의 자주 사용하는 GPIO 제어 메소드들을 살펴보도록 하겠습니다. 더 자세한 메소드들은 Wiring Pi 홈페이지[1]에 접속하여 볼 수 있습니다. 또한 SPI, I2C 등 관련 메소드들은 해당 인터페이스의 센서를 다룰 때 언급할 것입니다.

[표 6-1] Wiring Pi GPIO 제어 메소드들

메소드명	설명	매개변수	설명
wiringPiSetup()	pin 번호를 Wiring Pi 모듈에서 정한 번호로 초기화합니다.	매개변수 없음 [표 6-2] wPi 참고	
wiringPiSetupSys()	pin 번호를 라즈비안 내에서 정한 번호로 초기화합니다.	매개변수 없음 [표 6-2] BCM 참고	
wiringPiSetupGpio()	pin 번호를 Broadcom GPIO에서 정한 번호로 초기화합니다.	매개변수 없음 [표 6-2] BCM 참고	
wiringPiSetupPhys()	pin 번호를 물리 핀 번호로 초기화 합니다.	매개변수 없음 [표 6-2] phys 참고	
pinMode (pin, mode)	GPIO 핀을 입력모드로 할 것인지, 출력모드 할 것인지 설정합니다.	pin	입/출력 모드를 설정할 대상 핀을 지정합니다.
		mode	0 : 입력모드 1 : 출력모드
digitalRead (pin)	지정된 핀에 들어오는 신호를 받습니다.	pin	입력을 받아올 핀 번호를 지정합니다.

---

1) http://wiringpi.com/

메소드명	설명	매개변수	설명
digitalWrite (pin, value)	지정한 핀에 전압을 넣거나 해제합니다.	pin	출력을 할 핀 번호를 지정합니다.
		value	HIGH (1) : 3.3V를 출력합니다. LOW(0) : 전압을 해제합니다. (0V)
softPwmCreate (pin, initialValue, pwmRange)	지정한 핀을 PWM★ 기능을 하도록 설정합니다.	pin	PWM 기능을 활성화할 핀을 지정합니다.
		initialValue	초기값을 지정합니다.
		pwmRange	PWM 주파수 최대 범위를 지정합니다.
softPwmWrite (pin, value)	지정한 핀에 software로 구현된 PWM신호를 출력합니다.	pin	PWM 신호를 출력한 핀을 지정합니다.
		value	값을 출력할 수치를 작성합니다.
softPwmStop (pin)	지정한 핀에 software로 구현된 PWM 기능을 해제합니다.	pin	PWM 기능을 중단할 핀을 지정합니다.

용어 해설

• PWM : '펄스 폭 변조'를 의미하며, 아날로그 신호를 디지털 신호로 바꾸는 방식 중 하나이고, 펄스폭을 이용해 아날로그의 값을 표현하는 것입니다. 예를 들어 LED의 밝기를 PWM방식으로 표현하면, 최대 밝기의 LED를 빠르게 깜빡여 밝게 보이게 하거나 느리게 깜빡여 어둡게 보이게 하는 방식을 들 수 있습니다.

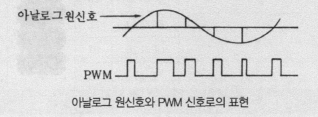

아날로그 원신호와 PWM 신호로의 표현

6.3.4 GPIO 핀 구성

GPIO의 핀 구성과 기능은 [그림 6-12]와 같습니다. 주의할 점은 'GPIO'핀으로 입력 전기 신호를 보낼 때 3.3V 이상이 가해질 경우 라즈베리파이 보드에 손상이 가해질 수 있으므로 입력전압이 초과하지 않아야 합니다.

3.3V Power	1		2	5V Power
GPIO 2	3		4	5V Power
GPIO 3	5		6	GND
GPIO 4	7		8	GPIO 14
GND	9		10	GPIO 15
GPIO 17	11		12	GPIO 18
GPIO 27	13		14	GND
GPIO 22	15		16	GPIO 23
3.3V Power	17		18	GPIO 24
GPIO 10	19		20	GND
GPIO 9	21		22	GPIO 25
GPIO 11	23		24	GPIO 8
GND	25		26	GPIO 7
GPIO 0	27		28	GPIO 1
GPIO 5	29		30	GND
GPIO 6	31		32	GPIO 12
GPIO 13	33		34	GND
GPIO 19	35		36	GPIO 16
GPIO 26	37		38	GPIO 20
GND	39		40	GPIO 21

핀 이름	기능
GPIO [숫자]	입/출력 디지털 전기신호를 받는 핀입니다. 입력 전압은 3.3V입니다.
3.3V/5V Power	정해진 전압을 항상 출력하는 핀입니다.
GND	들어온 전압을 0V로 만들어주는 핀입니다. (접지)

[그림 6-12] 라즈베리파이 3 보드 핀 맵 (Fritzing)

[표 6-2] Wiring Pi 모듈의 초기화별 핀 번호

BCM	wPi	phys	name	Pin	name	phys	wPi	BCM
		1	3.3V		5V	2		
2	8	3	SDA. 1		5V	4		
3	9	5	SCL. 1		GND	6		
4	7	7	GPIO 7		TxD	8	15	14
		9	GND		RxD	10	16	15
17	0	11	GPIO 0		GPIO 1	12	1	18
27	2	13	GPIO 2		GND	14		
22	3	15	GPIO 3		GPIO 4	16	4	23
		17	3.3V		GPIO 5	18	5	24
10	12	19	MOSI		GND	20		
9	13	21	MISO		GPIO 6	22	6	25
11	14	23	SCLK		CE 0	24	10	8
		25	GND		CE 1	26	11	7
0	30	27	SDA. 0		SCL. 0	28	31	1
5	21	29	GPIO 21		GND	30		
6	22	31	GPIO 22		GPIO 26	32	26	12
13	23	33	GPIO 23		GND	34		
19	24	35	GPIO 24		GPIO 27	36	27	16
26	25	37	GPIO 25		GPIO 28	38	28	20
		39	GND		GPIO 29	40	29	21

6.4 LED

LED(Light Emitting Diode)란 전류를 흘리면 전류의 양에 따라 밝기가 변하는 반도체 소자★
입니다. LED의 다리가 긴 부분이 '양극'이고, 짧은 부분이 '음극'이며, 공급되는 '전류량'에
따라 LED의 밝기가 변합니다. 하지만 전류량이 과도하게 공급되면 LED는 고장이 나므로
'옴의 법칙'을 이용하여 적당한 저항값을 구하고 회로를 구성하여야 합니다.

▪ 반도체 소자: 전자 회로와 비슷한 장치에 쓰이는 부품을 의미합니다. 반도체의 한쪽으로 전기
가 흐르는 특성 때문에 반드시 양극과 음극이 존재합니다.

(1) 라즈베리파이 보드와 LED 연결하기

이번에는 라즈베리파이 보드, 브레드보드, 점퍼 와이어, 그리고 LED를 이용하여 서로 연결
하는 법을 알아보겠습니다. LED를 연결하기 전에 먼저 해야 할 것은 LED에 얼마만큼의 전
류를 흘려 밝게 점등할 것인지 고려하는 것입니다. 이 책에서 쓰이는 LED는 최대 전류가
30mA 이므로 LED에 무리를 주지 않기 위해 30mA의 반인 15mA만 전류를 흘려 최대 밝기
의 50%만 낼 것입니다. 그렇다면 '옴의 법칙 공식'을 이용하여 이에 필요한 저항값을 계산
해보면 [수식 6-2]와 같습니다. [수식 6-2]에서 3.3V에서 2.0V를 뺀 이유는 일반적인 LED
의 순전압은 1.8V~2.0V이고, 순전압을 뺀 남은 전압에 저항을 가하기 위해서입니다.

$$R = \frac{V}{I} \rightarrow \frac{3.3\,V - 2.0\,V}{0.015A} = 86.66, \therefore \Omega = 86.66$$

[수식 6-2] LED 연결에 필요한 전압 계산

'옴의 법칙'을 이용하여 LED에 50% 만큼이 밝기를 제공하기 위해 필요한 저항은 86.66Ω입
니다. 다만, 86.66Ω 수치를 맞추기 위해서는 여러 저항들을 직렬연결해야 하기 때문에 번거
롭습니다. 따라서 이 책에서는 100Ω짜리 저항을 이용하여 [그림 6-13]처럼 회로를 연결해
보도록 하겠습니다.

(2) Wiring Pi 모듈로 LED 제어하기

회로를 연결하였으면 파이썬을 통해 LED 제어 코드를 작성하여야 합니다. 코드를 작성하기
전 Python2 idle을 터미널에서 [예 6-4]와 같이 관리자 모드(sudo)로 실행하여야 합니다.

예 6-4	Python2 idle 관리자 모드로 실행

```
sudo idle
```

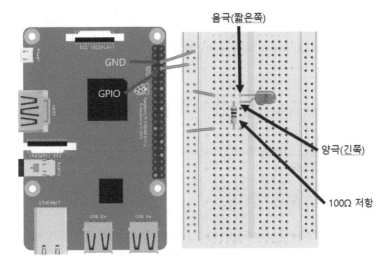

[그림 6-13] LED 회로 배선도

관리자 모드로 Python2 Idle이 실행되면 [코드 6-2]와 같이 대화식 인터프리터에 입력하여 LED가 점등되었다가 꺼지는지 확인합니다.

[코드 6-2] Wiring Pi 모듈을 이용한 LED 제어

```
import wiringpi2 as wiring              # Wiring Pi 모듈 import
wiring.wiringPiSetupPhys()              # 핀 번호를 물리 핀 번호로 초기화
ledPin = 8
wiring.pinMode(ledPin, wiring.GPIO.OUTPUT)      # 8번 핀 출력 모드로 전환
wiring.digitalWrite(ledPin, wiring.GPIO.HIGH)   # 8번 핀에 전압을 주어 LED 켜기
wiring.digitalWrite(ledPin, wiring.GPIO.LOW)    # 8번 핀에 전압을 줄여 LED 끄기
```

대화식 인터프리터에 입력하면 바로 결과를 볼 수 있지만 [코드 6-2]의 결과와 같이 사용자가 직접 LED를 켜고 꺼야 합니다. 이를 자동화하기 위해 Idle에서 [File]→[New File]로 코드 작성창을 띄워 작업하면 코드를 작성해놓고 한꺼번에 실행시킬 수 있어 편리합니다. 계속해서 LED를 깜빡이게 하기 위하여 [코드 6-3]과 같이 코드 작성창에 작성합니다.

[코드 6-3] LED 깜빡이게 하기

```
import wiringpi2 as wiring # Wiring Pi 모듈 import
from time as sleep                   # 코드를 지연시킬 sleep 메소드 import

wiring.wiringPiSetupPhys()           # 핀 번호를 물리 핀 번호로 초기화
ledPin = 8
wiring.pinMode(ledPin, wiring.GPIO.OUTPUT)# 8번 핀 출력 모드로 전환

while(True):
    try:                             # 예외처리 시작
        wiring.digitalWrite(ledPin, 1) # 8번 핀에 전압을 주어 LED 켜기
        sleep(2)                     # 2초간 지연

        wiring.digitalWrite(ledPin, 0) # 8번 핀에 전압을 빼 LED 끄기
        sleep(2)                     # 2초간 지연

    except(KeyboardInterrupt):       # 무한 루프 중 강제 취소가 일어나면 (Ctrl+C)
        wiring.digitalWrite(ledPin, 0) # LED를 끄고
        break                        # 무한 루프를 중지
                                     # 예외처리 끝
```

6.4.1 응용 – 여러 LED를 한꺼번에 제어하기

이번에는 4개의 LED가 차례대로 깜빡이도록 제어해 보겠습니다. 회로 배선은 [그림 6-14]
와 같이 연결하고, 제어 코드는 [코드 6-4]와 같이 작성합니다.

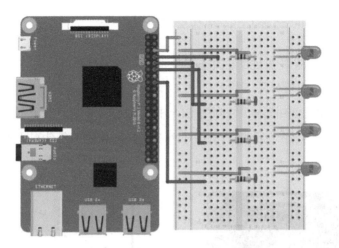

[그림 6-14] 여러 LED 연결 배선도

[코드 6-4] LED 깜빡이게 하기

```
import wiringpi2 as wiring
from time as sleep


ledPinList = [8, 10, 12, 16]


for i in ledPinList:                        # 8, 10, 12, 16번 핀 초기화
    wiring.pinMode(i, wiring.GPIO.OUTPUT)
    wiring.digitalWrite(i, wiring.GPIO.LOW)


while(True):
    try:
        for i in ledPinList:
            wiring.digitalWrite(i, 1)       # LED 핀 켜기
            sleep(0.5)                      # 0.5초간 멈춤


            wiring.dititalWrite(i, 0)       # LED 핀 끄기
            sleep(0.5)                      # 0.5 초간 멈춤
    except(KeyboardInterrupt):
        for i in ledPinList:
            wiring.digitalWrite(i, 0)
        break
```

6.4.2 응용 – PWM으로 LED 밝기 조절하기

이번에는 PWM을 이용하여 LED 밝기를 조절해 보겠습니다. 'PWM'이란 아날로그 신호를
디지털 신호로 바꾸는 방식 중 하나이고, 변조 폭 간격을 이용하여 아날로그 값을 비슷하게
표현할 수 있습니다. 파이썬을 이용하여 GPIO를 제어하기 전 먼저 회로를 [그림 6-15]와
같이 구성합니다. [그림 6-15] 배선도는 이전에 연결한 단일 LED 연결 회로와 같습니다.

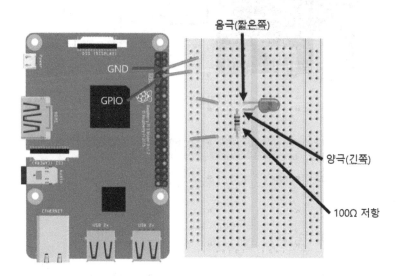

[그림 6-15] LED 회로 배선도

회로를 연결하였으면 GPIO 제어를 위해 파이썬 코드를 [코드 6-5]와 같이 작성하여 실행
합니다.

[코드 6-5] PWM를 이용하여 LED 밝기 조절하기

```
import wiringpi2 as wiring
from time as sleep


ledPin = 23                          # LED 제어를 위한 핀 번호


wiring.wiringPiSetupGpio()           # BCM_GPIO로 핀 번호 초기화
wiring.softPwmCreate(ledPin, 0, 255) # 23핀에 PWM 기능 활성화


while(True):
    try:
        for i in range(0, 255):      # 0단계부터 천천히 255단계까지 밝히기
            wiring.softPwmWrite(ledPin, 255-i)
            sleep(0.01)

        for I in range(0, 255):      # 255단계부터 천천히 0단계까지 줄이기
            wiring.softPwmWrite(ledPin, i)
            sleep(0.01)

    except(KeyboardInterrupt):       # Ctrl + C로 프로그램을 취소하면
        wiring.softPwmStop(ledPin)   # 23핀에 PWM기능 비활성화
                  break
```

6.5 RGB LED

이번에는 RGB(Red, Green, Blue) LED를 다뤄보도록 하겠습니다. RGB LED는 빛의 3원색*을 이용해 하나의 LED로 다양한 색상을 표현할 수 있는 것이 특징입니다. 이 책에서는 Sunfounder 사의 RGB LED 모듈을 사용합니다. RGB LED 모듈의 입력은 VCC, R, G, B로 구성되어 있는데, VCC에는 5V를 연결하고, R, G, B 입력에는 라즈베리파이 보드의 GPIO 출력모드 핀을 [그림 6-16]과 같이 연결합니다.

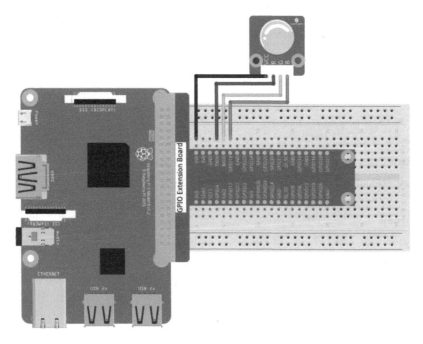

[그림 6-16] RGB LED 모듈 배선도

회로를 [그림 6-16]과 같이 연결했다면, RGB LED의 3가지 색상을 이용해 무지개 색상을 차례대로 파이썬을 통해 GPIO를 제어하여 표현해 보겠습니다.

[코드 6-6] PWM를 이용하여 LED 밝기 조절하기

```python
import wiringpi2 as wiring
from time as sleep

rgbPins = [14, 15, 18]      # 14번 핀은 'R'제어, 15번 핀은 'G'제어, 18번 핀은 'B'제어

wiring.wiringPiSetupGpio() # BCM_Board 핀 번호로 초기화

for i in rgbPins:
    wiring.pinMode(i, 1)       # 14, 15, 18 번핀 출력모드 활성화
    wiring.digitalWrite(i, 0)    # 14, 15, 18번핀 값 초기화
```

```
while(True):
    try:
        wiring.digitalWrite(rgbPins[0], 1)   # 빨강 점등
        sleep(2)   # 2초 시스템 정지
        wiring.digitalWrite(rgbPins[0], 0)   # 빨강 소등

        wiring.digitalWrite(rgbPins[1], 1)   # 초록 점등
        sleep(2)   # 2초 시스템 정지
        wiring.digitalWrite(rgbPins[1], 0)   # 초록 소등

        wiring.digitalWrite(rgbPins[2], 1)   # 파랑 점등
        sleep(2)   # 2초 시스템 정지
        wiring.digitalWrite(rgbPins[2], 0)   # 파랑 소등
    except(KeyboardInterrupt):   # Ctrl + c 입력이 일어나면
        for i in rgbPins:   # 14, 15, 18번핀에 대해서
            wiring.digitalWrite(i, 0)   # 값 초기화
        break   # 무한 반복 중지
```

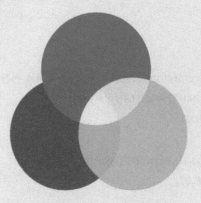

[그림 6-17] 빛의 3원색 색상 모델의 표현

6.5.1 응용 – RGB LED로 무지개 색상 표현하기

이번에는 PWM 방식과 RGB LED 모듈을 이용하여 무지개 색상을 천천히 표현하는 것을 다뤄볼 것입니다. 회로 배선은 전에 연결했던 것처럼 [그림 6-16]과 같습니다. GPIO 제어를 위한 파이썬 코드는 [코드 6-7]과 같습니다.

[코드 6-7] PWM를 이용하여 LED 밝기 조절하기

```
import wiringpi2 as wiring
from time as sleep

rgbPins = [18, 23, 24]

wiring.wiringPiSetupGpio()              # BCM_Board 핀 번호로 초기화

for i in rgbPins:                       # 18, 23, 24번핀 PWM 기능 초기화
    wiring.pinMode(i, 1)
    wiring.softPwmCreate(i, 100, 100)

for i in reversed(range(0, 100)):       # 빨간색으로 천천히 켜기
    wiring.softPwmWrite(rgbPins[0], i)
    sleep(0.01)

while(True):
    try:
        for i in reversed(range(0, 100)): # 초록색을 천천히 켜고, 빨간색 천천히 줄이기
            wiring.softPwmWrite(rgbPins[1], i)
            sleep(0.01)

            wiring.softPwmWrite(rgbPins[0], 100-i)
            sleep(0.01)

        for i in reversed(range(0, 100)):   # 파란색을 천천히 켜고, 초록색을 천천히 줄이기
```

```
        wiring.softPwmWrite(rgbPins[2], i)
        sleep(0.01)

        wiring.softPwmWrite(rgbPins[1], 100-i)
        sleep(0.01)

    for i in reversed(range(0, 100)): # 빨간색을 천천히 켜고, 파란색을 천천히 줄이기
        wiring.softPwmWrite(rgbPins[0], i)
        sleep(0.01)

        wiring.softPwmWrite(rgbPins[2], 100-i)
        sleep(0.01)

except(KeyboardInterrupt):
    for i in rgbPins:
        wiring.softPwmWrite(i, 100)
        wiring.softPwmStop(i)
    break
```

6.6 버튼

이번에는 버튼과 다른 센서들을 함께 다루겠습니다. 먼저 버튼에 전류가 어떻게 흐르는지에 대해서 이해할 필요가 있는데, 버튼의 상태에 따른 전류의 흐름은 [그림 6–18]과 같습니다.

 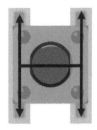

눌리지 않았을 때   눌렸을 때

[그림 6–18] 버튼의 상태에 따른 전류의 흐름 방향

이어 파이썬을 사용하지 않고, 3.3V 핀, GND 핀, 버튼, 100Ω 저항, LED만을 이용하여 간단히 LED를 제어하는 회로를 [그림 6-19]과 같이 연결하여 만들어 보겠습니다.

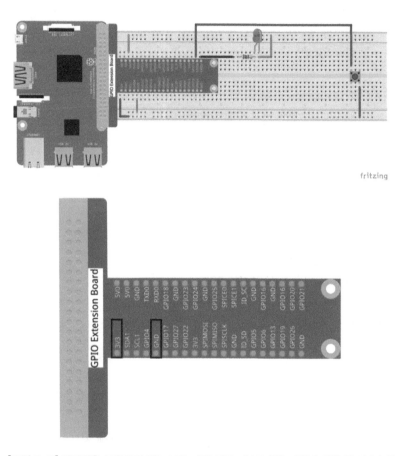

[그림 6-19] 파이썬을 사용하지 않는 LED 제어 회로 배선도(위), 배선에 사용된 핀 (아래)

6.6.1 응용 – Toggle 버튼 만들기

[그림 6-20]은 파이썬 코드를 이용하지 않고도 버튼만으로 간단히 LED를 제어할 수 있지만, 버튼을 누르고 있을 때만 전류를 흘려 LED를 켤 수 있기에 실생활에 적용하기는 극히 제한적입니다. 따라서 이번에는 파이썬 코드를 이용하여 버튼으로 토글 기능을 만들어 볼 것입니다. 토글 기능이란 버튼을 누를 때마다 ON/OFF 상태가 바뀌는 기능을 의미합니다. 토글 기능을 만들기 위한 회로는 [그림 6-20]과 같이 구성합니다.

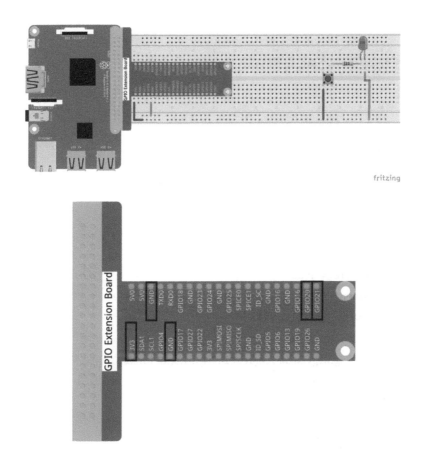

[그림 6-20] Toggle 기능을 위한 회로 배선도 (위), 배선에 사용된 핀 (아래)

[그림 6-20]과 같이 회로를 연결하였으면, GPIO제어를 위한 파이썬 코드를 [코드 6-8]과 같이 작성합니다.

[코드 6-8] 버튼으로 Toggle 기능 만들기

```
import wiringpi2 as wiring
from time as sleep


wiring.wiringPiSetupGpio() # 핀 초기화


buttonInput = 20
ledPin = 21
```

```
toggle = False # 토글 조건을 위한 변수 생성

while(True):
    try:
        inputValue = wiring.digitalRead(buttonInput)
        # 버튼이 눌렸는지 확인하기 위한 변수생성

        # 버튼이 눌렸고, LED가 꺼져있다면
        if inputValue == 1 and toggle = False:
            wiring.digitalWrite(ledPin, wiring.GPIO.HIGH)
            toggle = True
            sleep(0.5)
        # 버튼이 눌렸고, LED가 켜졌다면
        elif inputValue == 1 and toggle = True:
            wiring.digitalWrite(ledPin, wiring.GPIO.LOW)
            toggle = False
            sleep(0.5)

    except(KeyboardInterrupt):
        wiring.digitalWrite(ledPin, 0)
        break
```

6.6.2 응용 – 버튼을 이용한 신호등 만들기

이번에는 하나의 버튼으로 여러 개의 LED를 제어하는 법을 다루겠습니다. 이번 예제를 진행하기 위해 총 4개의 LED와 1개의 버튼을 준비하고, [그림 6-21]과 같이 회로를 연결합니다.

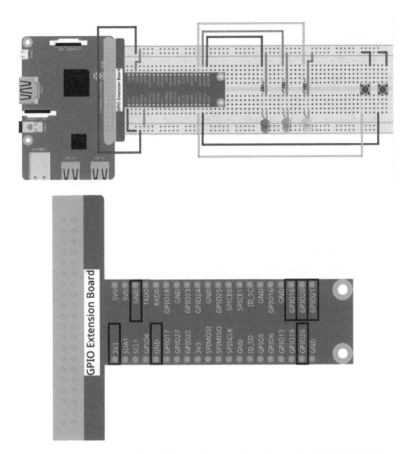

[그림 6-21] 2개의 버튼을 이용한 신호등 제어 회로 배선도 (위) 사용된 핀 (아래)

[코드 6-9] 버튼으로 3개의 LED 제어하기

```
import wiringpi2 as wiring
import os     # 프로그램 종료를 위한 os 모듈 import
from time as sleep

def lefOff(): # 종료를 위한 함수 정의
    global ledPins # 전역변수 ledPins를 선언

    for i in ledPins: # LED를 모두 끄기
        wiring.digitalWrite(i, 0)
os._exit(1) # 프로그램 종료
```

```
wiring.wiringPiSetupGpio() # 핀번호 초기화
ledPins = [16, 20, 21]
buttonInputs = [19, 26]

for i in ledPins: # LED 핀 출력모드로 초기화
    wiring.pinMode(i, wiring.GPIO.OUTPUT)

for i in buttonInputs: # 버튼 핀 입력모드로 초기화
    wiring.pinMode(i, wiring.GPIO.INPUT)

# 종료 버튼에 인터럽트* 이벤트 추가
wiring.wiringPiISR(buttonInputs[1], wiring.GPIO.INT_EDGE_BOTH, ledOff)

while(True):
    try:
        onValue = wiring.digitalWrite(i, 0)

        if onValue = 1:
            for i in ledPins:
                wiring.digitalWrite(i, 1)
                sleep(0.5)
                wiring.digitalWrite(i, 0)

            for i in reversed(ledPins):
                wiring.digitalWrite(i, 1)
                sleep(0.5)
                wiring.digitalWrite(i, 0)

    except(KeyboardInterrupt):
        for i in ledPins:
            wiring.digitalWrite(i, 0)
        break
```

**용어
해설**
■ 인터럽트(Interrupt): 인터럽트란 특정한 조건이 생겼을 때 실행 중인 프로그램을 중단하고, 강
제적으로 다른 프로그램을 실행시키는 것을 의미합니다.

6.7 능동 버저와 수동 버저

이번에는 능동/수동 버저 모듈을 사용하여 능동 버저(Active Buzzer)와 수동 버저(Passive
Buzzer)를 다루어 보겠습니다. 능동 버저는 일정한 소리만 낼 수 있고, 주로 알람 장치에
많이 사용되는 버저입니다. 파이썬으로 GPIO 제어를 하기 전 회로를 [그림 6-22]와 같이
연결합니다.

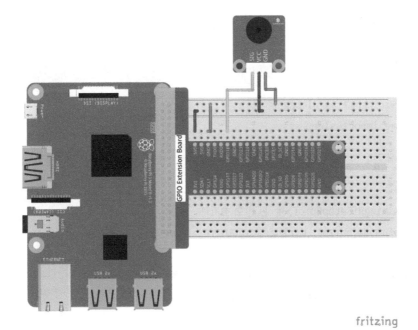

[그림 6-22] 능동 버저 제어를 위한 회로 배선도

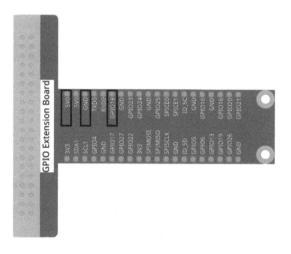

[그림 6-23] 능동 버저 제어에 사용된 핀

회로를 연결하였으면 GPIO 제어를 위한 파이썬 코드를 [코드 6-10]과 같이 작성합니다.

[코드 6-10] 능동 버저 제어를 위한 파이썬 코드

```python
import wiringpi2 as wiring
from time import sleep

buzzer = 18

wiring.wiringPiSetupGpio() # 핀 번호 초기화
wiring.pinMode(buzzer, wiring.GPIO.OUTPUT) # 18번핀을 출력모드로 설정

def beep(x): # x 초 간격을 두고 소리를 울리게 제어하는 함수 정의
    wiring.digitalWrite(buzzer, wiring.GPIO.LOW)
    sleep(x)

    wiring.digitalWrite(buzzer, wiring.GPIO.HIGH)
    sleep(x)
def loop():
    while(True):
        beep(0.5)
```

```
def cleanup():
    wiring.pinMode(buzzer, wiring.GPIO.INPUT)
    wiring.pullUpDnControl(buzzer, wiring.GPIO.PUD_UP)


try:
    loop()
except(KeyboardInterrupt):
    cleanup()
```

6.7.1 응용 – 버튼으로 능동 버저 제어하기

이번에는 버튼을 누르고 있을 때 알람이 울리고, 버튼을 떼면 소리가 중단되는 회로를 구성하고 GPIO 제어를 위한 파이썬을 작성할 것입니다. 먼저 회로는 [그림 6-24]와 같이 연결합니다.

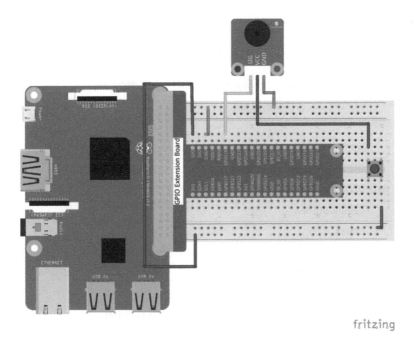

[그림 6-24] 버튼을 이용한 능동 버저 제어 회로 배선도

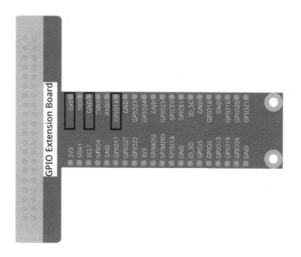

[그림 6-25] 능동 버저 제어에 사용된 핀

[코드 6-11] 버튼으로 능동 버저 제어를 위한 파이썬 코드

```python
import wiringpi2 as wiring


def beepLoop(buzzerPin, delayTime):
    while(True):
        try:

            wiring.digitalWrite(buzzerPin, wiring.GPIO.LOW)
            wiring.delay(delayTime)


            wiring.digitalWrite(buzzerPin, wiring.GPIO.HIGH)
            wiring.delay(delayTime)
        except(KeyboardInterrupt):
            cleanup()
            break

def cleanup():
    wiring.pinMode(buzzerPin, wiring.GPIO.INPUT)
    wiring.pullUpDnControl(buzzerPin, wiring.GPIO.PUD_UP)
    wiring.pullUpDnControl(buttonInput, wiring.GPIO.PUD_UP)
```

```
buzzerPin = 18
buttonInput = 26

wiring.wiringPiSetupGpio()

wiring.pinMode(buzzerPin, wiring.GPIO.OUTPUT)
wiring.pinMode(buttonInput, wiring.GPIO.INPUT)

beepLoop(buzzerPin, 500)
```

수동 버저는 능동 버저와 달리 소리 대역을 사용자가 지정할 수 있어, 주로 전자 키보드나 단순한 음악을 재생해주는 역할을 주로 합니다. 음의 대역을 정하기 위해서 'Wiring Pi' 모듈에선 'softPwm'와 유사한 'softTone' 메소드가 존재합니다. 'softTone' 메소드는 다음과 같이 정의되어있습니다.

[표 6-3] Wiring Pi softTone 메소드들

메소드명	설명	매개변수	설명
softToneCreate	지정한 핀에 softTone 기능을 활성화합니다.	pin	softTone 기능을 활성화할 핀을 지정합니다.
softToneWrite	지정한 핀에 지정한 음을 출력하도록 합니다.	pin	음을 출력할 핀을 지정합니다.
		freq	출력할 음의 대역폭을 지정합니다.

수동 버저를 다루기 위해 [그림 6-26]과 같이 회로를 구성합니다.

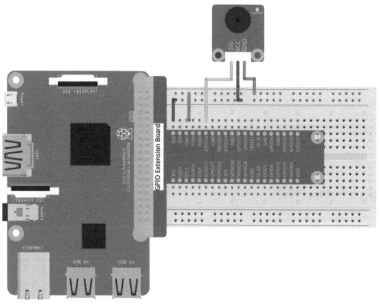

[그림 6-26] 수동 버저 제어를 위한 회로 배선도

회로를 연결한 후 수동 버저를 통해 멜로디를 출력하기 위해선 어떤 주파수가 어떤 음을 내는지를 아는 것이 중요하고, 각 음계에 대한 주파수는 부록 8.3에 수록되어 있습니다. 부록 8.3에 정리되어 있는 음계에 대한 주파수와 수동 버저를 이용하여 멜로디를 만드는 파이썬 코드는 [코드 6-12]와 같습니다.

[코드 6-12] 버튼으로 능동 버저 제어를 위한 파이썬 코드

```
import wiringpi2 as wiring

def cleanup():
    wiring.pinMode(buzzerPin, wiring.GPIO.INPUT)
    wiring.pullUpDnControl(buzzerPin, wiring.GPIO.PUD_ID)

def playSong():
    for i in song:
        wiring.softToneWrite(buzzerPin, i)
        wiring.delay(200)
```

```
buzzerPin = 18
song = [330, 294, 262, 294,
    330, 330, 330, 294,
    294, 294, 330, 330,
    330, 330, 284, 262,
    294, 330, 330, 330,
    294, 294, 330, 294, 262]


wiring.wiringPiSetupGpio()
wiring.pinMode(buzzerPin, wiring.GPIO.OUTPUT)


wiring.softToneCreate(buzzerPin)


playSong()
cleanup()
```

6.7.2 응용 – 버튼과 수동 버저로 전자 키보드 만들기

'softTone'으로 수동 버저를 제어하는 법을 익혔으니 여러 개의 버튼을 이용하여 전자 키보드를 만들어 보겠습니다. 회로를 구성하기 전 준비하여야 할 부품은 다음과 같으며, 전자 키보드 제작을 위한 회로 구성은 [그림 6-27]과 같습니다.

준비물

- 라즈베리파이 3 보드
- GPIO 확장 보드 (T-Cobbler)
- Sunfounder의 수동 버저 1개
- 푸쉬 버튼 7개

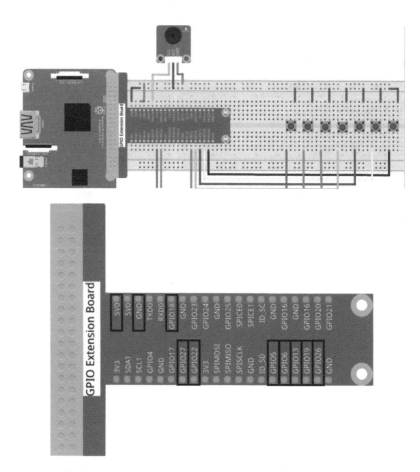

[그림 6-27] 전자 키보드를 위한 회로 배선도 (위), 사용된 핀 (아래)

회로가 연결되었으면, 파이썬 코드를 [코드 6-13]과 같이 작성합니다.

[코드 6-13] 전자 키보드를 위한 GPIO 제어 코드

```
import wiringpi2 as wiring
def cleanup(pins):
    wiring.softToneStop(buzzerPin)

    for i in pins:
        wiring.pinMode(i, wiring.GPIO.INPUT)
        wiring.pullUpDnControl(i, wiring.GPIO.PUD_DOWN)
```

```
def playTone(pin):
    if i == 26:
        wiring.softToneWrite(buzzerPin, 262)
    elif i == 19:
        wiring.softToneWrite(buzzerPin, 294)
    elif i == 13:
        wiring.softToneWrite(buzzerPin, 330)
    elif i == 6:
        wiring.softToneWrite(buzzerPin, 349)
    elif i == 5:
        wiring.softToneWrite(buzzerPin, 392)
    elif i == 22:
        wiring.softToneWrite(buzzerPin, 440)
    elif i == 27:
        wiring.softToneWrite(buzzerPin, 494)


buzzerPin = 18
inputPins = [ 26, 19, 13 ]
inputPin = 0
wiring.wiringPiSetupGpio()
wiring.pinMode(buzzerPin, wiring.GPIO.OUTPUT)
wiring.softToneCreate(buzzerPin)

for i in inputPins:
    wiring.pinMode(i, wiring.GPIO.INPUT)
while(True):
    try:
            for i in inputPins:
                inputValue = wiring.digitalRead(i)
                if inputValue == 1:
                    playTone(i)
                else:
                    wiring.softToneWrite(buzzerPin, 0)
    except(KeyboardInterrupt):
        cleanup(inputPins)
        break
```

6.8 온도 센서

온도 센서는 보일러, 냉장고, 에어컨 등 사용분야가 매우 광범위하고 우리 생활에 밀접한 관계가 있는 센서입니다. 먼저 아날로그 방식의 온도 센서를 사용해 보려고 하는데, 라즈베리파이 보드는 아날로그 신호를 직접 받지 못하기 때문에 AD/DA PCF8591 변환기(ADC)라는 칩을 통해 아날로그 신호를 디지털 신호로 변환하고 나서 받아야 합니다. ADC를 다루기 위해선 먼저 몇 가지 선행 작업들이 필요합니다. 바로 I2C 인터페이스 설정입니다. 라즈비안 내에서 I2C 인터페이스를 활성화하는 방법은 6.8.1 절에서 다루고, 그 뒤 온도 감지를 위한 회로 구성과 파이썬 코드 작성은 6.8.2 절부터 다룰 것입니다.

6.8.1 I2C의 활성화

라즈비안에서 I2C 인터페이스를 활성화 하기 위해선 가장 먼저하여야 할 것은 'raspi-config'에 진입하여 I2C 인터페이스를 활성화하여야 합니다. 'raspi-config'에 진입하기 위해 터미널에서 [예 6-5]와 같이 입력합니다.

예 6-5   raspi-config 실행 명령어
```sudo raspi-config```

'raspi-config'에 진입하였으면, [Advanced Options]→[I2C]→[Yes]를 하여 활성화 한 후 'raspi-config'를 빠져나와 라즈비안을 재부팅합니다. 라즈비안을 재부팅하기 위해 터미널에서 [예 6-6]과 같이 입력합니다.

예 6-6   라즈비안 재부팅 명령어
```sudo reboot```

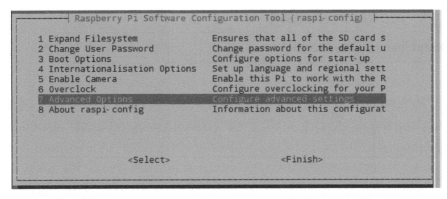

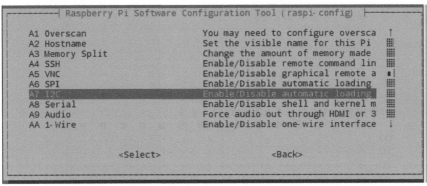

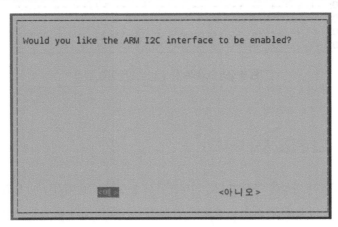

[그림 6-28] raspi-config에서 I2C 인터페이스 활성화 방법

'raspi-config'에서 I2C를 활성화 했다면, I2C 제어에 도움을 줄 수 있는 유틸리티를 설치할 것입니다. I2C 유틸리티를 설치하기 위해 터미널에서 [예 6-7]과 같이 입력하여 설치를 진행합니다.

예 6-7　I2C 유틸리티 설치 명령어

```
sudo apt-get install i2c-tools
```

[예 6-7]을 통해 I2C 유틸리티를 설치했다면 정상적으로 설치가 되었는지 [예 6-8]과 같이
입력하여 확인해볼 수 있습니다. 이것으로 I2C 인터페이스로 통신하기 위한 기본적인 준비
과정이 끝났습니다.

예 6-8　I2C 유틸리티 설치 확인 명령어

```
i2cdetect -y 1
```

```
파일(F)  편집(E)  탭(T)  도움말(H)
pi@raspberrypi:~ $ i2cdetect -y 1
     0  1  2  3  4  5  6  7  8  9  a  b  c  d  e  f
00:          -- -- -- -- -- -- -- -- -- -- -- --
10: -- -- -- -- -- -- -- -- -- -- -- -- -- -- -- --
20: -- -- -- -- -- -- -- -- -- -- -- -- -- -- -- --
30: -- -- -- -- -- -- -- -- -- -- -- -- -- -- -- --
40: -- -- -- -- -- -- -- -- -- -- -- -- -- -- -- --
50: -- -- -- -- -- -- -- -- -- -- -- -- -- -- -- --
60: -- -- -- -- -- -- -- -- -- -- -- -- -- -- -- --
70: -- -- -- -- -- -- -- --
```

[그림 6-29] i2cdetect -y 1 명령어 실행 결과

6.8.2 아날로그 온도 센서 다루기

6.8.1 절에서 설명한 과정을 통하여 I2C 인터페이스 통신과정 준비가 끝났으면, 본격적으로
ADC와 아날로그 방식 온도 센서를 회로에 연결하여 현재 장소의 온도를 구하여 볼 것입니
다. 파이썬 코드로 온도를 출력해보기 전 [그림 6-30]과 같이 회로를 연결합니다.

준비물

- 라즈베리파이 3 보드
- GPIO 확장 보드 (T-Cobbler)

- AD/DA PCF8591 변환기

- 아날로그 온도 센서

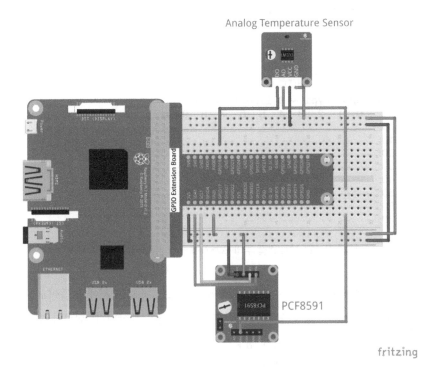

[그림 6-30] 아날로그 온도 센서를 다루기 위한 회로 배선도

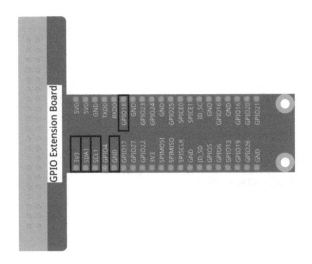

[그림 6-31] 아날로그 온도 센서 회로 배선도에 사용된 핀

회로를 연결하였으면 라즈베리파이 보드가 'ADC'를 인식하는지 확인하여야 합니다. 확인하는 방법은 터미널에서 [예 6-8]과 같은 명령어를 입력하면 회로를 연결하기 전 아무런 장치도 인식되지 않았던 결과와는 달리, 하나의 장치가 인식되어 주소값이 보이는 것을 볼 수 있습니다.

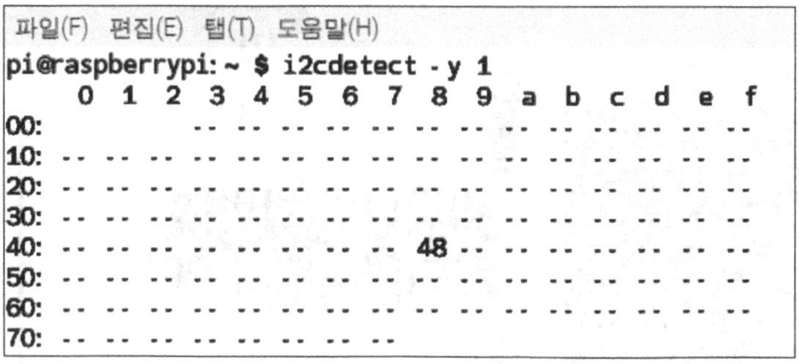

```
파일(F)  편집(E)  탭(T)  도움말(H)
pi@raspberrypi:~ $ i2cdetect -y 1
     0  1  2  3  4  5  6  7  8  9  a  b  c  d  e  f
00:          -- -- -- -- -- -- -- -- -- -- -- -- --
10: -- -- -- -- -- -- -- -- -- -- -- -- -- -- -- --
20: -- -- -- -- -- -- -- -- -- -- -- -- -- -- -- --
30: -- -- -- -- -- -- -- -- -- -- -- -- -- -- -- --
40: -- -- -- -- -- -- -- -- 48 -- -- -- -- -- -- --
50: -- -- -- -- -- -- -- -- -- -- -- -- -- -- -- --
60: -- -- -- -- -- -- -- -- -- -- -- -- -- -- -- --
70: -- -- -- -- -- -- -- --
```

[그림 6-32] 장치 연결 후의 i2cdetect -y 1 명령어 결과 화면

'i2cdetect -y 1' 명령어로 확인된 주소값은 파이썬 코드를 통해 센서에서 들어오는 온도값을 가져오는데 아주 중요한 역할을 하기에 꼭 기억하고 있어야 합니다. 회로가 모두 연결되었고 'i2cdetect -y 1' 명령어로 장치가 정상적으로 인식되어 있는 것을 확인하였다면, 남은 것은 파이썬 코드를 통해 온도 센서값을 가져오는 것만 남았습니다. 온도센서의 값을 가져오기 위해 [코드 6-14]와 같이 파이썬 코드를 작성합니다.

[코드 6-14] 온도 센서 값 가져오기

```python
import wiringpi2 as wiring


i2cPin = 18
pinBase = 120


wiring.wiringPiSetupGpio()
wiring.pcf8591Setup(pinBase, 0x48)


wiring.pinMode(i2cPin, wiring.GPIO.INPUT)


while(True):
```

```
    analogValue = wiring.analogRead(pinBase)
    print analogValue
    wiring.delay(500)
```

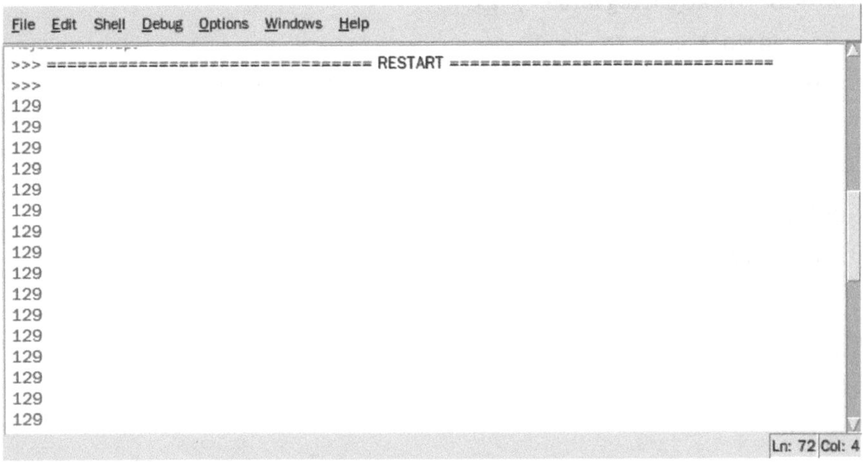

[그림 6-33] 온도 센서에서 값을 가져온 결과 출력 화면

[코드 6-13]을 실행하면 현재 온도와 무관한 값들이 출력되게 됩니다. 이 값은 현재 온도에 따른 전압수치입니다. 이 전압수치를 'Steinhart-Hart equation'이란 공식을 통해 온도를 구할 수 있고, 실제 코드로 구현하여 온도를 구하면 [코드 6-15]와 같이 구현할 수 있습니다.

[코드 6-15] Steinhart-Hart equation으로 온도 구하기

```
import wiringpi2 as wiring
import math


i2cPin = 18
pinBase = 120


wiring.wiringPiSetupGpio()
wiring.pcf8591Setup(pinBase, 0x48)
```

```
wiring.pinMode(i2cPin, wiring.GPIO.INPUT)

while(True):
    analogValue = wiring.analogRead(pinBase)
    vr = 5 * float(analogValue) / 255
    rt = 10000 * vr / (5 - vr)
    temp = 1/(((math.log(Rt / 10000)) / 3950) + (1 / (273.15+25)))
    temp = temp - 273.15

    print temp
    wiring.delay(500)
```

6.8.3 디지털 온도 센서 다루기

이번에는 1-Wire 방식의 디지털 온도 센서인 DS18B20를 다루겠습니다. 1-Wire 방식이
란 전원(VCC)과 접지(GND)를 제외하고 오로지 선 한 개로만 통신하는 방식을 뜻합니다.
DS18B20를 사용하기 위해 회로는 [그림 6-34]와 같이 연결합니다.

준비물

- 라즈베리파이 3 보드
- GPIO 확장 보드 (T-Cobbler)
- DS18B20 Temperature Sensor

회로가 연결되었으면 'DS18B20' 제어를 위해 'raspi-config'에서 '1-Wire' 설정을 활성화하
여야 합니다. 활성화 하는 방법은 [예 6-9]와 같이 터미널에서 입력하여 'raspi-config'을
실행한 후 [Advanced Options]→[1-Wire]-[예]를 선택 후 'raspi-config'를 빠져나와 재
부팅을 합니다.

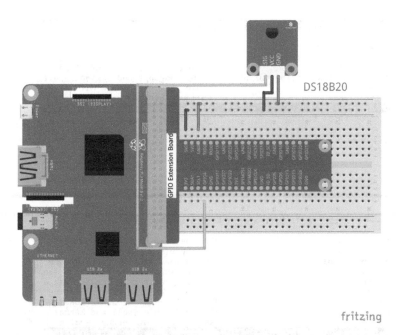

[그림 6-34] DS18B20 제어를 위한 회로 배선도

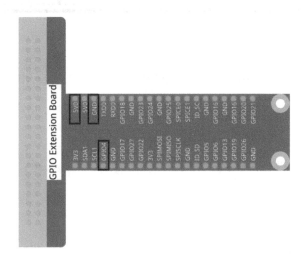

[그림 6-35] DS18B20 회로 배선도에 사용된 핀

예 6-9 raspi-config 실행 명령어

```
sudo raspi-config
```

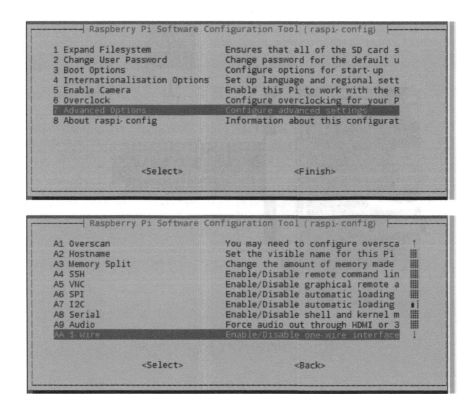

[그림 6-36] raspi-config에서 1-Wrie 활성화 방법

재부팅이 끝났으면, [예 6-10]과 같이 터미널에서 입력하여 커널을 업데이트하고 1-Wire 통신 모듈을 로드합니다.

예 6-10	1-Wire 통신 모듈 로드

```
sudo apt-get update
sudo apt-get upgrade
sudo modprobe w1-gpio
sudo modprobe w1-therm
```

다음 'DS18B20' 센서 연결 확인을 위해 [예 6-11]과 같이 '/sys/bus/w1/devices/'경로로 이동한 뒤 '28-~'으로 시작하는 디렉토리가 존재하는지 확인합니다.

| 예 6-11 | /sys/bus/w1/devices/경로 이동 및 리스팅 |

```
cd /sys/bus/w1/devices/
ls
```

```
파일(F)  편집(E)  탭(T)  도움말(H)
pi@raspberrypi:~ $ cd /sys/bus/w1/devices/
pi@raspberrypi:/sys/bus/w1/devices $ ls
28-0416201c42ff  w1_bus_master1
pi@raspberrypi:/sys/bus/w1/devices $ 
```

[그림 6-37] 'DS18B20' 센서 연결 확인 결과

'28-~'로 시작하는 디렉토리가 존재한다면 'DS18B20' 센서가 제대로 라즈베리파이 보드에
인식이 된 것이며 해당 디렉토리 안에 현재 온도를 확인할 수 있는 'w1_slave'파일이 존재
합니다. 'w1_slave' 파일을 [예 6-12]와 같이 터미널에서 입력하여 내용을 확인할 수 있습
니다.

| 예 6-12 | w1_slave 내용 확인 |

```
cd 28-######~ (해당 디렉토리 내용을 정확히 기입하여 디렉토리로 진입)
cat w1_slave
```

```
파일(F)  편집(E)  탭(T)  도움말(H)
pi@raspberrypi:~ $ cd /sys/bus/w1/devices/
pi@raspberrypi:/sys/bus/w1/devices $ ls
28-0416201c42ff  w1_bus_master1
pi@raspberrypi:/sys/bus/w1/devices $ cd 28-0416201c42ff
pi@raspberrypi:/sys/bus/w1/devices/28-0416201c42ff $ ls
driver  id  name  power  subsystem  uevent  w1_slave
pi@raspberrypi:/sys/bus/w1/devices/28-0416201c42ff $ cat w1_slave
8d 01 4b 46 7f ff 0c 10 1b : crc=1b YES
8d 01 4b 46 7f ff 0c 10 1b t=24812
pi@raspberrypi:/sys/bus/w1/devices/28-0416201c42ff $ 
```

[그림 6-38] cat w1_slave 실행 결과

'cat w1_slave' 명령어를 통해 출력되는 내용 중 주목하여야 할 것은 2 번째 행의 내용입니다. 아날로그 방식의 온도 센서와는 다르게 'DS18B20' 온도 센서는 복잡한 계산식이 필요 없이 'w1_slave'파일 2번째 내용의 't' 값에서 1000을 나눈 값이 바로 현재 장소의 온도입니다. [그림 6-38]의 결과를 통해 현재 장소의 온도를 구하면 't'값이 24812이고, 1000을 나눔으로서 '24.81℃'인 것을 알 수 있습니다. 지금까지의 방식은 사용자가 직접 'w1_slave'파일에 접근하여 현재 센서의 온도를 구할 수 있었습니다. 이를 파이썬 코드로 자동화하여 한 번의 실행으로 지속적으로 현재 온도를 체크할 수 있는 코드를 작성할 것입니다. 이를 구현하는 코드는 [코드 6-16]와 같습니다.

[코드 6-16] 'DS18B20' 센서 온도 자동으로 체크하기

```python
import os
from time import import sleep

# 연결된 1-Wire 센서 내역이 존재하는 디렉토리의 절대 경로
path = '/sys/bus/w1/devices/'


# Path 경로의 모든 디렉토리를 검색하고 디렉토리 이름 중 28을 포함하는 이름의 디렉토리가
# 존재하면 Path 경로에 해당 디렉토리 이름 추가
for i in os.listdir(path):
    if '28' in i:
        path += i + '/w1_slave'
        break


# w1_slave 파일을 열고 내용을 읽어들임
tfile = open(path)
context = tfile.read()

# 1초마다 현재 장소의 온도를 표시
while(True):
    try:
        temp = float(context[context.find('t=')+2:])
        temp = temp / 1000
```

```
    print temp
    sleep(1)

except(KeyboardInterrupt):
    break
```

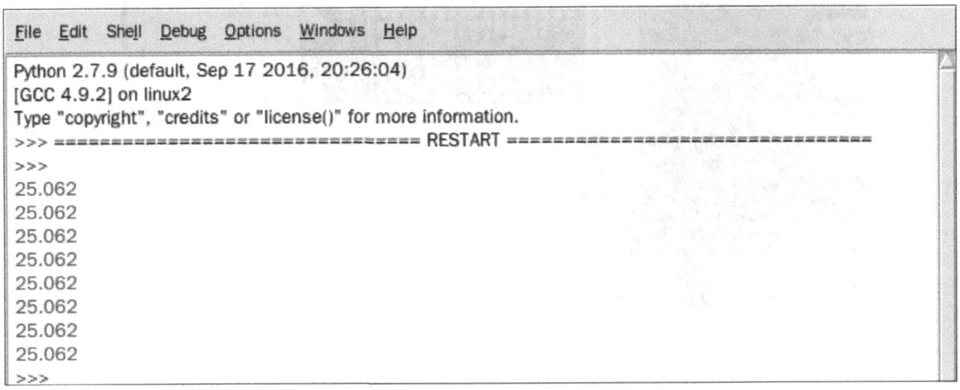

File Edit Shell Debug Options Windows Help
```
Python 2.7.9 (default, Sep 17 2016, 20:26:04)
[GCC 4.9.2] on linux2
Type "copyright", "credits" or "license()" for more information.
>>> ============================== RESTART ==============================
>>>
25.062
25.062
25.062
25.062
25.062
25.062
25.062
25.062
>>>
```

[그림 6-39] 파이썬 코드를 통해 'DS18B20' 센서의 값을 자동으로 가져오기

6.9 LCD 디스플레이 모듈

이번에는 'I2C LCD1602' 장치를 취급하겠습니다. 'I2C LCD1602'는 'PCF8574'라는 I2C 인터페이스 칩을 액정 디스플레이(Liquid Crystal Display)와 합침으로써 액정 디스플레가 필요로 하는 많은 개수의 핀[2]을 단 4개의 핀으로 제어할 수 있도록 만든 장치입니다. 이 책에서는 I2C LCD1602를 사용합니다. 먼저 [그림 6-40]과 같은 회로를 구성합니다.

준비물

- 라즈베리파이 3 보드
- GPIO 확장 보드 (T-Cobbler)
- I2C LCD1602

---

2) 'I2C LCD1602'은 총 16개의 핀을 사용합니다.

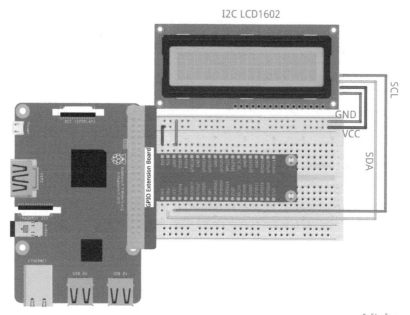

[그림 6-40] I2C LCD1602 연결을 위한 회로 배선도

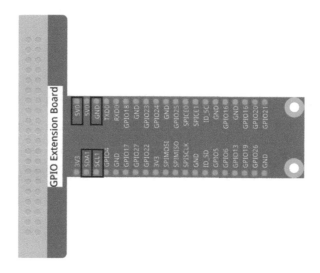

[그림 6-41] I2C LCD1602 연결을 위해 사용된 핀

연결하였으면 장치에서 'I2C LCD1602' 장치를 제대로 인식하고 있는지 확인하여야 합니다. 확인하는 방법은 [예 6-8]에서 언급했듯이 'i2cdetect -y 1'을 터미널에서 입력하여 연결을 확인합니다.

```
파일(F)  편집(E)  탭(T)  도움말(H)
pi@raspberrypi: ~ $ i2cdetect -y 1
     0  1  2  3  4  5  6  7  8  9  a  b  c  d  e  f
00:          -- -- -- -- -- -- -- -- -- -- -- --
10: -- -- -- -- -- -- -- -- -- -- -- -- -- -- -- --
20: -- -- -- -- -- -- -- 27 -- -- -- -- -- -- -- --
30: -- -- -- -- -- -- -- -- -- -- -- -- -- -- -- --
40: -- -- -- -- -- -- -- -- -- -- -- -- -- -- -- --
50: -- -- -- -- -- -- -- -- -- -- -- -- -- -- -- --
60: -- -- -- -- -- -- -- -- -- -- -- -- -- -- -- --
70: -- -- -- -- -- -- -- --
```

[그림 6-42] 'I2C LCD1602'을 연결한 후 i2cdetect -y 1로 연결 확인 결과

연결을 확인하였으면 본격적으로 파이썬 코드로 LCD를 제어하여 원하는 문자를 출력해볼 차례입니다. 'Wiring Pi' 모듈에서 'I2C LCD1602'을 다루는 방법은 까다롭지만, 다행히도 이를 간소화해 줄 Matt Hawkins가 작성한 'lcd_i2c'라는 모듈이 존재합니다. 해당 모듈을 사용하기 위해 [예 6-13]과 같이 터미널에서 입력하여야 합니다.

예 6-13   lcd_i2c 모듈 다운로드 및 필요 라이브러리 설치 명령어

```
sudo apt-get install python-smbus
wget https://bitbucket.org/MattHawkinsUK/rpispy-misc/raw/master
/python/lcd_i2c.py
```

[예 6-13]의 명령어를 터미널에서 수행하고 나면, '/home/pi/' 경로에 'lcd_i2c.py' 파일이 다운로드되어 있습니다. 'lcd_i2c.py'는 자체적으로 데모를 실행하여 'I2C LCD1602' 장치에 'Hello World!'를 출력해볼 수 있습니다. Python 2 Idle에서 'lcd_i2c.py' 파일을 불러와 'I2C LCD1602'장치가 정상적으로 작동하는지 확인해 보아야 합니다.

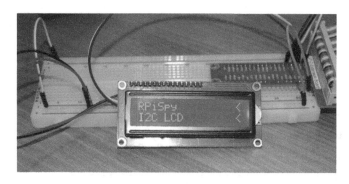

[그림 6-43] 'lcd_i2c.py' 데모 구동 결과

회로 연결과 'lcd_i2c' 모듈의 데모로 'I2C LCD1602'장치의 정상작동을 확인했으니, [예 6-14]와 같이 입력하여 'lcd_i2c.py' 파일을 '/usr/lib/python2.7/' 경로에 복사하여 편리하게 'lcd_i2c' 모듈을 사용할 수 있도록 합니다.

예 6-14	/usr/lib/python2.7/ 경로에 lcd_i2c.py 파일 복사 명령어

```
cd ~
sudo cp lcd_i2c.py /usr/lib/pyhton2.7/lcd_i2c.py
```

'lcd_i2c.py' 파일 복사가 끝났으면, 'lcd_i2c' 모듈에서 주로 사용하게 될 메소드를 알아보도록 하겠습니다.

[표 6-4] lcd_i2c 모듈의 메소드들

메소드명	설명	매개변수	설명
lcd_init()	LCD를 초기화합니다.	–	–
lcd_string (message, line)	LCD에 출력할 메시지를 지정합니다.	message	출력할 메시지를 지정합니다.
		line	LCD_LINE_1 : 1번째 줄에 출력 LCD_LINE_2 : 2번째 줄에 출력

[표 6-4]의 내용을 참고하여 'I2C LCD1602'에 'Hello World!'를 출력하는 코드는 [코드 6-17]과 같습니다.

[코드 6-17] I2C LCD1602 디스플레이에 Hello World! 출력하기

```
import lcd_i2c as lcd

lcd.lcd_init()
lcd.lcd_string('Hello world!', lcd.LCD_LNIE_1)
```

[그림 6-44] I2C LCD1602에 Hello World! 출력 결과

6.9.1 응용 - 디지털 온도계 만들기

이번에는 6.8 절에서 취급했던 '온도 센서'와 'I2C LCD1602' 장치를 이용하여 간단한 디지털 온도계를 만들어 보겠습니다. 디지털 온도계를 만들기 위해 회로는 [그림 6-45]와 같이 구성합니다.

준비물

- 라즈베리파이 3 보드
- GPIO 확장 보드 (T-Cobbler)
- I2C LCD1602
- DS18B20 온도 센서

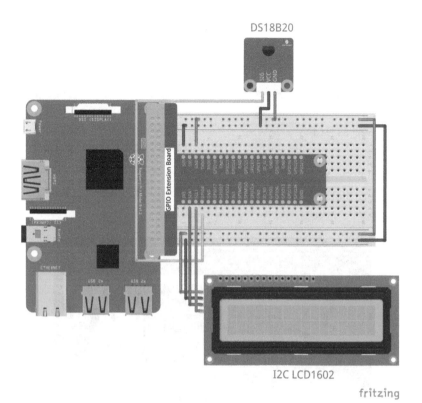

[그림 6-45] 디지털 온도계 회로 배선도

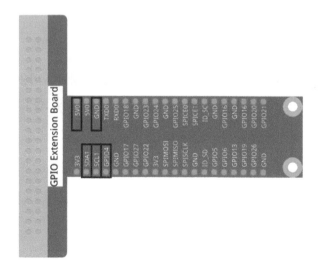

[그림 6-46] 디지털 온도계 회로 배선에 사용된 핀

회로 배선이 끝나면, 파이썬 코드를 이용하여 DS18B20의 온도 값을 읽고, I2C LCD1602에
출력해 볼 것입니다. I2C LCD1602 제어에 사용될 모듈은 [예 6-13]에 언급되었던 것처럼
lcd_i2c 입니다.

[코드 6-18] 디지털 온도계 구현

```python
import os, lcd_i2c as lcd
from time import sleep


lcd.lcd_init()
path = '/sys/bus/w1/devices/'
lcd.lcd_string('Temperature : ', lcd.LCD_LINE_1)


for i in os.listdir(path):
    if '28' in i:
        path += i + '/w1_slave'
        break


while(True):
    try:
        tfile = open(path)
        context = tfile.read()

        temp = float(context[context.find('t=')+2:])
        temp = temp / 1000

        lcd.lcd_string(str(temp), lcd.LCD_LINE_2)
        sleep(1)
    except(KeyboardInterrupt):
        break
```

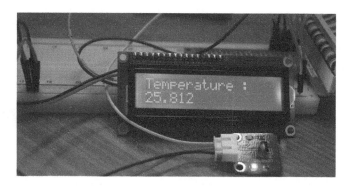

[그림 6-47] I2C LCD1602와 DS18B20 온도 센서를 이용한 디지털 온도계

6.10 카메라 모듈

라즈베리파이 카메라 모듈은 라즈베리파이 보드에서 직접 사진을 찍거나 동영상을 촬영할
수 있도록 도와주는 장치입니다. 라즈베리파이 카메라 모듈을 사용하기 위해서는 'raspi-
config'에서 [Enable Camera] 항목을 활성화하여 사용할 수 있습니다.

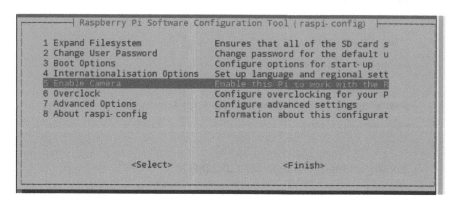

[그림 6-48] 라즈베리파이 카메라 모듈 활성화 항목

[Enable Camera]를 활성화하였으면, 라즈베리파이 보드의 'CSI 카메라 인터페이스 커넥터'
에 카메라 모듈을 장착하여야 합니다. 장착하는 방법은 [그림 6-49]와 [그림 6-50]과 같습
니다.

[그림 6-49] 커버를 열고 라즈베리파이 카메라 모듈을 연결

[그림 6-50] 라즈베리파이 카메라 모듈 접촉부의 파란색 부분이 커버를 향하도록 함

! 주의

라즈베리파이 카메라 모듈 장착 해제 시에도 커버를 꼭 열고 해제하여야 합니다. 커버를 열지 않고 라즈베리파이 카메라 모듈 장착 해제를 하면, 접촉부가 손상되어 인식이 되지 않을 수 있습니다.

라즈베리파이 카메라 모듈이 제대로 연결되었는지 확인하려면 터미널에 [예 6-15]와 같이 명령어를 입력하여 사진을 찍어보는 방법이 있습니다.

예 6-15   라즈베리파이 카메라 모듈 사진 캡처 명령어

```
raspistill -o pic1.jpg
```

[예 6-15] 명령어와 같이 입력하면 잠시 촬영을 위한 카메라 미리보기 화면이 나타나며 5초 후에 지정한 파일명으로 '/home/pi/' 경로에 저장됩니다.

 라즈베리파이 카메라 모듈의 다양한 명령어들

라즈베리파이에는 사진 촬영을 위한 'raspistill' 명령어 이외에도 'raspivid', 'cron', 'raspiyuv' 등의 명령어들이 존재합니다. 각 명령어에 대한 기능은 다음과 같습니다.

명령어	설명
raspistill	카메라 모듈을 이용하여 사진을 촬영합니다.
raspivid	카메라 모듈을 이용하여 비디오 영상을 녹화합니다.
cron	일정한 간격으로 사진을 촬영한 뒤 동영상을 만듭니다.(타임 랩스)
raspiyuv	카메라 모듈을 이용하여 사진을 촬영하고 raw 이미지를 생성해 저장합니다.

각 명령어는 '-?' 옵션을 붙여줌으로써 각 명령어에 대한 자세한 종류와 설명을 볼 수 있습니다.

라즈베리파이 카메라 모듈은 터미널에서도 제어를 할 수 있지만, 파이썬 코드로도 제어할 수 있습니다. 파이썬으로 라즈베리파이 카메라 모듈을 제어하기 위해선 'picamera'라는 모듈을 이용하여야 합니다. 'picamera' 모듈의 API는 picamera 홈페이지[3]에서 확인 가능합니다. 'picamera' 모듈을 이용하여 사진을 촬영하는 파이썬 코드는 [코드 6-19]와 같습니다.

---

3) http://picamera.readthedocs.io/en/latest/index.html

[코드 6-19] 디지털 온도계 구현 코드

```python
from time import sleep
from picamera import PiCamera


camera = PiCamera()                      # PiCamera 객체 생성
camera.resolution = (1024, 768)          # 카메라 해상도 설정
camera.start_preview()                   # 촬영 미리보기 생성


sleep(2)                                 # 카메라 세팅을 위한 2초의 지연
camera.capture('/home/pi/pic.jpg')       # /home/pi 경로에 pic.jpg 촬영
camera.stop_preview()                    # 촬영 미리보기 중지
camera.close()                           # 카메라 객체 해제
```

6.10.1 응용 – 라즈베리파이 카메라 모듈을 이용한 사진 촬영 및 합성

응용 단계에서는 라즈베리파이 보드와 카메라 모듈, 그리고 OpenCV 라이브러리, Tkinter 라이브러리 등을 이용하여 간단한 GUI를 만드는 법과 촬영된 사진에 보정, 크기 조절, 색상 조절, 배경사진 합성 등의 사진에 특수효과를 부여하는 것과 스마트폰으로 파일전송을 하는 법을 공부 하겠습니다.

준비물

- 라즈베리파이 3 보드
- 라즈베리파이 카메라 모듈
- 안드로이드 운영체제의 스마트폰 (사용된 스마트폰 모델 : 삼성 Galaxy S6)
- 사진과 합성할 투명 배경 이미지 (PNG, GIF 이미지 파일)

[그림 6-51] 이 프로젝트에서 사용된 액자 이미지

■ 이 프로젝트에 필요한 라이브러리들

- 라즈베리파이 카메라 모듈 라이브러리 (picamera)
- OpenCV 모듈(cv2)
- Tkinter 모듈 (Tkinter)
- Time 모듈 (time)

■ 응용 진행 개요

- 사용자 인터페이스 구성
- 카메라 모듈을 이용한 사진 촬영 및 저장
- 이미지 합성을 위한 OpenCV 라이브러리 준비하기
- 촬영된 사진 및 합성할 이미지 불러오기
- 사진 합성하기

단계 1 사용자 인터페이스 구성

사용자 인터페이스는 파이썬으로 GUI를 만들 것이고, GUI를 구성하는 라이브러리는 여러 가지가 있으나 여기서는 Tkinter 모듈을 사용할 것입니다. 간단히 Tkinter 모듈에 대해 설명하면, 파이썬에서 GUI를 구성할 수 있는 표준 GUI 도구입니다. Tkinter는 파이썬에 기본으로 내장되어있기 때문에 별도로 설치할 필요는 없습니다. 다만 파이썬 2.X 버전과 파이썬 3.X 버전 시 import 할 라이브러리명이 대/소문자로 다르기에 유의하여야 합니다.

| 예 6-16 | Tkinter import 방식의 차이점 |

```
import Tkinter (Python 2.X 버전)
import tkinter (Python 3.X 버전)
```

이어 GUI를 구성하기 위해 가장 기본이 되는 프레임을 생성하기 위해서는 Tk 클래스의 객체를 생성한 후 생성된 객체의 mainloop 메소드를 호출하여야 합니다. 실제로 프레임이 생성되는 것을 보기 위해 아래의 코드를 작성하여 실행해봅시다. 아래의 코드는 파이썬 2.X 버전으로 작성되었습니다.

[코드 6-20] Tkinter 객체를 이용한 프레임 생성

```
import Tkinter


root = Tkinter.Tk()
root.mainloop()
```

Tkinter 객체를 이용하여 프레임을 생성했으니, 프레임에 촬영을 위한 버튼을 넣을 것입니다. Tkinter 라이브러리에서 버튼을 만들기 위해서는 Button 위젯을 이용합니다. Button 위젯은 생성 시 첫 번째 매개 변수에 부모 위젯을 넣고 두 번째 매개 변수에는 버튼의 옵션을 지정할 수 있습니다. Button 위젯의 상세한 옵션은 Tkinter 관련 홈페이지[4]에 정리되어 있습니다.

| 예 6-17 | Tkinter 버튼 위젯 생성 |

```
btn = Tkinter.Button(parent, option=value, ...)
```

생성된 Tkinter의 프레임 안에 Button 위젯을 넣기 위해서 프레임 생성코드인 'root=Tkinter.Tk()'와 프레임을 나타내는 코드인 'root.mainloop()' 사이에 Button 위젯 생성코드를 작성하면 별도의 화면 배치 설정을 지정하지 않는 이상 자동으로 위젯이 아래 방

---

4) http://effbot.org/tkinterbook/button.htm#reference

향으로 차례대로 들어가게 됩니다. 이번 예제에서는 프레임 안에 '촬영'이란 글자를 가진
Button 위젯을 넣어 보겠습니다.

[코드 6-21] Tkinter 프레임 안 Button 위젯 넣기

```
import Tkinter
from Tkinter import *


root = Tkinter.Tk()


btn = Button(root, text="촬영")
btn.pack()


root.mainloop()
```

위의 코드를 입력 후 실행하면 프레임 안에 작은 '촬영'이란 버튼이 들어있는 것을 볼 수 있
습니다. 이제 '촬영' 버튼을 누르면 '찰칵' 이란 메시지 박스를 띄우는 이벤트를 작성할 것입
니다. clickedEvent 메소드를 작성하여 그 안에 'tkMessageBox.showinfo('메시지 상자 제
목', '찰칵!')'이라 작성합니다. Button을 눌렀을 때 작성한 clickedEvent를 활성화 하기 위해
서는 Button 위젯 생성 시 command 옵션에 clickedEvent를 지정함으로써 버튼 클릭 이벤
트를 활성화 할 수 있습니다. command 옵션 작성한 메소드의 이름만 넣어야한다는 것을
유의하여야 합니다. 코드를 작성 후 프로젝트를 실행한 뒤 '촬영' 버튼을 누르면 '찰칵!'이란
내용의 메시지 박스가 나타나는 것을 볼 수 있습니다.

Tkinter에서 메시지 박스를 나타내기 위해서는 tkMessageBox 모듈을 사용합니다. tkMessageBox에
는 showinfo(알림창/파란색 느낌표 아이콘), showwarning(경고창/노란색 느낌표 아이콘), showerror(
에러창/빨간색 엑스 아이콘), askquestion(물음창/파란색 물음표 아이콘), askyesno(예/아니오 물음
창), askretrycancel(다시시도 물음창) 등 다양한 메시지 상자가 존재합니다.

[코드 6-22] 메시지 팝업창 띄우기

```python
import Tkinter, tkMessageBox
from Tkinter import *


def clickedEvent():
  tkMessageBox.showinfo('메세지 상자 제목', '찰칵!')
root = Tkinter.Tk()


btn = Button(root, text="촬영", command = clickedEvent)
btn.pack()


root.mainloop()
```

단계 2 카메라 모듈을 이용한 사진 촬영 및 저장

버튼 클릭 이벤트를 만들어보았으니 clickedEvent 안에 라즈베리파이 카메라 모듈을 이용한 사진 촬영 기능을 구현해보도록 하겠습니다. 라즈베리파이 카메라 모듈을 사용하기 위해서는 PiCamera 라이브러리가 필요합니다. PiCamera 라이브러리를 import 하고 PiCamera() 메소드로 객체를 생성하면 라이즈베리파이 카메라 모듈을 사용할 준비가 됩니다. 라이브러리를 import 할 때는 대/소문자에 주의하여 입력합니다. 이전에 이벤트 확인을 위해 작성해두었던 메시지 박스 코드와 tkMessageBox 모듈은 삭제합니다.

라즈베리파이 카메라 모듈의 객체를 생성하고 본격적으로 사용하기 위해서는 객체에서 제공하는 다양한 메소드들을 알 필요가 있습니다. 여기서는 촬영 전 카메라 화면을 보기 위한 미리보기 메소드와 사진을 촬영하고 저장하는 캡쳐 메소드를 다룰 것입니다. 먼저 촬영이 됐을 때 사진의 해상도를 설정하려면 'camera.resolution' 필드에 자신이 원하는 사진의 해상도를 정합니다. 여기서는 가로 640px, 세로 480px로 설정할 것입니다. 또한 '촬영' 버튼을 눌렀을 때 미리보기 화면을 제공하기 위해서는 'camera.start_preview()' 메소드를 사용합니다. 미리보기 화면을 활성화 시킨 뒤 최소 2초 후에 촬영하여야 카메라 모듈이 빛의 정도를 감지하여 적당한 밝기로 사진 촬영을 할 수 있습니다. 아래 코드는 sleep(2) 메소드로 2초간의 텀을 두어 카메라 모듈이 빛의 정도를 감지할 수 있도록 작성되었습니다.

[코드 6-23] PiCamera 라이브러리 import 및 카메라 모듈 객체 생성

```python
import Tkinter

from Tkinter import *
from time import sleep
from picamera import PiCamera

def clickedEvent():
    # 라즈베리파이 카메라 모듈 객체 생성
    camera = PiCamera()

    # 라즈베리파이 카메라 모듈 촬영 해상도를 640X480 픽셀로 설정
    camera.resolution = (640, 480)

    # 라즈베리파이 카메라 모듈을 통해 미리보기 화면 제공
    camera.start_preview()

    # 카메라 모듈이 빛의 정도를 파악하기 위해 2초간 간격을 둠
    sleep(2)
    # 카메라 모듈을 이용하여 '/home/pi/' 경로에 origin 이란 이름의 png 이미지 파일 저장
    camera.capture('/home/pi/origin.png')
    camera.stop_preview()
    camera.close()
root = Tkinter.Tk()

btn = Button(root, text="촬영", command = clickedEvent)
btn.pack()

root.mainloop()
```

단계 3 이미지 합성을 위한 OpenCV 라이브러리 준비

[단계 2]에서 카메라 모듈을 이용하여 사진 촬영하는 법을 익혔으니 촬영된 사진과 배경 이미지를 서로 합성하는 법을 다루도록 하겠습니다. 먼저 사진 합성에 필요한 라이브러리인 OpenCV 라이브러리를 준비하여야 합니다. 준비 과정은 터미널을 실행한 뒤 다음 명령들을 입력하여 라이브러리를 다운로드 및 설치합니다.

예 6-18   OpenCV 라이브러리 설치 명령어

```
sudo apt-get update
sudo apt-get upgrade
sudo apt-get install python-scipy
sudo apt-get install python-opencv
sudo apt-get install libopencv-dev
```

명령어를 입력하고 난 후 설치를 진행할 것인지 묻는 메시지에서 'Y'를 입력하여 설치를 진행합니다. 설치가 끝난 후 라이브러리가 제대로 설치가 되었는지 확인하기 위해 '메뉴'→'개발'→'Python 2(IDLE)'을 실행한 후 'Python 2(IDLE)'에서 아래의 코드를 입력합니다.

[코드 6-24] OpenCV 라이브러리 설치 확인

```
import cv2


cv2.__version__
```

정상적으로 설치가 되었다면 OpenCV 라이브러리의 설치된 버전이 파란색 글씨로 출력됩니다. 이어서 다음 단계에서 사진을 합성하기 전 이미지를 불러와야 합니다. 이미지를 불러오려면 OpenCV 라이브러리에서 'imread()' 메소드를 사용합니다. 'imread()' 메소드의 매개변수 작성 방식은 다음과 같습니다.

예 6-19   OpenCV로 이미지 파일 불러오기

```
cv2.imread('파일이름', '플래그들')
```

'파일이름' 란에는 불러올 이미지를 적어 넣습니다. 단순 파일명만 기입할 시에는 작성된 코드가 존재하는 같은 디렉토리 내에서 검색을 하고, 특정 위치에 있는 이미지를 불러오기를 원할 땐 경로와 파일명을 적어 넣을 수도 있습니다. '플래그들' 란에는 불러올 이미지 파일을 특정 종류의 색상으로 불러올 수 있도록 설정할 수 있습니다. 설정값들의 종류와 기능은 다음과 같습니다.

예 6-20   **플래그 종류와 기능**

```
cv2.CV_LOAD_IMAGE_ANYDEPTH
cv2.CV_LOAD_IMAGE_COLOR
cv2.CV_LOAD_IMAGE_GRAYSCALE
```
[숫자]
  – >0 인 값 : **3-channel** 컬러*로 이미지를 불러옵니다. (RGB)
  – =0 인 값 : **Grayscale**로 이미지를 불러옵니다.
  – <0 인 값 : **3-channel** 컬러와 **Alpha channel***을 포함하여 이미지를 불러옵니다.

용어 해설

- 3-channel 컬러 : 3-channel 컬러란 빛의 3 원색인 빨강, 초록, 파랑을 가리킵니다. 가산혼합 색상 모델이라고도 불립니다.
- Alpha channel : Alpha Channel은 흰색과 검은색으로 이루어져 있습니다. 흰색 영역은 수정할 수 있는 영역으로, 검은색 영역은 수정할 수 없는 영역으로 되어있습니다. 알파 채널에서 특정 영역이 검은색에 가깝다면 색상의 투명도가 높아 흐릿하게 보이고, 반대로 흰색에 가깝다면 색상의 투명도가 낮아 선명하게 보이게 됩니다.

'cv2.imread()' 메소드로 이미지를 불러오기 위해 다음과 같이 코드를 작성합니다. sourceImg 변수에는 촬영된 이미지를 불러올 것이고, overlayImg에는 '/home/pi/' 경로에 있는 'backImg.png' 이미지 파일을 불러올 것입니다.

[코드 6-25] 촬영된 이미지와 배경 이미지 불러오기

```
import Tkinter
# OpenCV를 사용하기 위한 cv2 모듈 import
import cv2
from Tkinter import *
from time import sleep
```

```
from picamera import PiCamera

def clickedEvent():
    camera = PiCamera()
    camera.resolution = (640, 480)
    camera.start_preview()

    sleep(2)
    camera.capture('/home/pi/origin.png')
    camera.stop_preview()
    camera.close()

    # /hom/pi/ 경로에 있는 촬영된 이미지 'origin.png'를 sourceImg에 저장
    sourceImg = cv2.imread('/home/pi/origin.png')
    overlayImg = cv2.imread('home/pi/backImg.png')
root = Tkinter.Tk()
btn = Button(root, text="촬영", command = clickedEvent)
btn.pack()

root.mainloop()
```

단계 4 촬영된 사진 및 배경 이미지 불러오기

'cv2.imread()' 메소드를 통해 불러온 두 이미지(촬영된 사진, 배경 이미지)를 합성하려면 OpenCV 라이브러리에 있는 Bitwise 메소드를 사용하여 쉽게 구현이 가능합니다. Bitwise 메소드는 다음과 같은 종류들과 매개변수를 가집니다.

예 6-21   OpenCV bitwise 메소드들

cv2.bitwise_and('연산할 배열1', '연산할 배열2', ['출력 배열'], ['마스크★'])
cv2.bitwise_or('연산할 배열1', '연산할 배열2' ['출력 배열'], ['마스크'])
cv2.bitwise_not('연산할 배열', ['출력 배열'], ['마스크'])
cv2.bitwsie_xor('연산한 배열1', '연산한 배열2', ['출력 배열'], ['마스크'])

각 Bitwise 메소드에서 '[ ]'로 감싸져있는 매개변수들은 선택적으로 작성할 수 있는 매개
변수로써 '연산할 배열'처럼 필수로 작성하여야 하는 매개변수들은 아닙니다. 다시 '이미지
합성' 주제로 돌아와 이미지를 불러온 뒤 해야 할 일을 고려해보면, '어느 위치에 배경이미
지를 합성할 것인가'입니다. 배경 이미지는 촬영된 사진 전체에 덧씌워져야 합니다. 촬영된
사진의 크기를 구하기 위해 다음과 같은 코드로 크기를 구할 수 있습니다.

[코드 6-26] 촬영된 사진의 크기 구하기

```python
import Tkinter
import cv2

from time import sleep
from picamera import PiCamera

def clickedEvent():
    camera = PiCamera()
    camera.resolution = (640, 480)
    camera.start_preview()

    sleep(2)
    camera.capture('/home/pi/origin.png')
    camera.stop_preview()
    camera.close()

    sourceImg = cv2.imread('/home/pi/origin.png')
    overlayImg = cv2.imread('home/pi/backImg.png')

    # 촬영된 사진의 높이와 폭, 이미지 Chennel을 각 imgHeight imgWidth에 저장
    imgHeight, imgWidth, imgChennel = sourceImg.shape
root = Tkinter.Tk()
btn = Button(root, text="촬영", command = clickedEvent)
btn.pack()

root.mainloop()
```

■ 마스크(Mask): 마스크란 이미지의 특정 부분을 가려서 가려진 부분을 수정되지 않도록 보호하는 역할을 수행하는 것을 말합니다.

단계 5 사진 합성하기

OpenCV 라이브러리의 'imread()'메소드로 이미지를 불러왔을 경우 이미지는 배열의 형태로 저장이 되어있습니다. Python에서는 이 배열의 모양을 알아내기 위해 '배열명.shape'를 이용하면 배열의 반환값으로 '행의 크기'와 '열의 크기'를 반환합니다. 위의 코드에서는 'imgHeight' 변수에 이미지의 높이 값이 저장하였고, 'imgWidth' 변수에 이미지의 폭 값이 저장되어있습니다. 이제 촬영된 사진에 배경 이미지를 얼마나 덮어씌울 것인지 정할 것입니다. 아래의 코드를 작성하여 덮어씌울 영역의 변수를 생성합니다.

[코드 6-27] 이미지를 덮어씌울 영역 생성

```
import Tkinter
import cv2

from Tkinter import *
from time import sleep
from picamera import PiCamera

def clickedEvent():
  camera = PiCamera()
  camera.resolution = (640, 480)
  camera.start_preview()

  sleep(2)
  camera.capture('/home/pi/origin.png')
  camera.stop_preview()
  camera.close()

  sourceImg = cv2.imread('/home/pi/origin.png')
```

```
overlayImg = cv2.imread('home/pi/backImg.png')


imgHeight, imgWidth, imgChennel = sourceImg.shape


# 덮어씌울 영역을 지정합니다. 이미지 좌표*의 시작점은 좌측 상단(0,0)이며,
# 종점은 촬영된 사진의 우측 하단(imgHeight, imgWidth)까지입니다.
overlayRegion = sourceImg[0:imgHeight, 0:imgWidth]
root = Tkinter.Tk()
btn = Button(root, text="촬영", command = clickedEvent)
btn.pack()


root.mainloop()
```

 이미지 좌표

이미지의 좌표는 좌측 상단부터 시작해서 우측으로 갈수록 X값이 늘어나고, 아래로 갈수록 Y값이 늘어나는 형태입니다. 각각의 칸 하나는 이미지의 픽셀하나를 나타냅니다.

	0	1	2	3	4	5	6
0	(0, 0)	(1, 0)	(2, 0)	(3, 0)	(4, 0)	(5, 0)	(6, 0)
1	(0, 1)	(1, 1)					
2	(0, 2)		(2, 2)				
3	(0, 3)			(3, 3)			
4	(0, 4)				(4, 4)		
5	(0, 5)					(5, 5)	
6	(0, 6)						(6, 6)

배경 이미지를 덮어씌울 영역을 정했으니 해당 영역에 대한 배경 이미지에 다른 이미지들이 간섭하지 못하도록 마스크를 만들 차례입니다. 배경 이미지 마스크를 만들기 위해 제일 먼저 행하여야 할 것은 Grayscale 이미지로 변환하는 것입니다. OpenCV에서는 이미지를 지정한 색상으로 변환해 주는 메소드가 존재하고 다음과 같은 이름과 매개변수를 가집니다.

예 6-22   OpenCV cvtColor 메소드 매개변수

`cv2.cvtColor`('변환 대상', '변환코드', ['출력 이미지 변수'], ['출력 이미지 색상 채널'])

'cv2.cvtColor' 메소드로 컬러 이미지를 Grayscale 이미지로 변환하려면 '변환코드'에 'cv2. COLOR_BGR2GRAY'를 적어넣습니다. 배경 이미지를 흑백으로 변환하였으면 이어서하여 야 할 작업은 'cv2.threshold()' 메소드를 이용하여 이미지의 Threshold* 값을 조정하여 완 벽하게 0(흑)과 1(백)로만 이루어진 이미지를 만들어야 합니다. 'cv2.threshold()' 메소드의 매개변수는 다음과 같습니다.

예 6-23   OpenCV threshold 메소드 매개변수

`cv2.threshold`('대상 이미지', '**Threshold 값**', '픽셀 최대값', '**Threshold 종류**')

'Threshold 값'에는 어떤 값을 기준으로 0(흑)과 1(백)으로 나눌 것인지에 대한 기준값을 적 어 넣습니다. '픽셀 최대값'에는 각각의 픽셀이 Threshold 값을 넘었을 때 어떤 값으로 설정 할 것인지에 대해서 적어 넣습니다. 마지막으로 'Threshold 종류'에는 다음과 같은 것들이 존재합니다.

예 6-24   threshold의 종류

```
cv2.THRESH_BINARY
cv2.THRESH_BINARY_INV
cv2.THRESH_TRUNC
cv2.THRESH_TOZERO
cv2.THRESH_TOZERO_INV
```

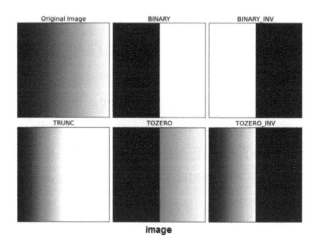

[그림 6-52] 각 Threshold의 종류에 따른 결과 이진 영상

**용어
해설**

- Threshold: 영상 처리 분야에서는 Threshold란 Grayscale 영상에서 특정한 값을 기준으로 이진영상으로 분류가 되는 경계값을 의미합니다.

마스크를 만들기 위한 마지막 단계는 Thresholding을 통해 이진화된 배경 이미지를 반전시켜 검은색 영역을 없애줄 이미지가 필요합니다. 반전 시키려면 Bitwise 메소드 중 'cv2.bitwise_not()' 메소드를 이용합니다. 마스크를 생성하는 코드는 다음과 같습니다.

[코드 6-28] 마스크 생성

```
import Tkinter
import cv2

from Tkinter import *
from time import sleep
from picamera import PiCamera

def clickedEvent():
    camera = PiCamera()
    camera.resolution = (640, 480)
```

```
    camera.start_preview()

    sleep(2)
    camera.capture('/home/pi/origin.png')
    camera.stop_preview()
    camera.close()


    sourceImg = cv2.imread('/home/pi/origin.png')
    overlayImg = cv2.imread('home/pi/backImg.png')


    imgHeight, imgWidth, imgChennel = sourceImg.shape
    overlayRegion = sourceImg[0:imgHeight, 0:imgWidth]


    # 배경 이미지를 흑백으로 전환한 뒤 Thresholding을 통해 이진화된 이미지를 얻습니다.
    # bitwise_not 메소드로 마스크의 검은 영역을 없애줄 반전된 마스크를 생성합니다.
    grayscaleImg = cv2.cvtColor(overlayImg, cv2.COLOR_BGR2GRAY)
    ret, mask = cv2.threshold(grayscaleImg, 254, 255, cv2.THRESH_BINARY)
    mask_inv = cv2.bitwise_not(mask)
root = Tkinter.Tk()
btn = Button(root, text="촬영", command = clickedEvent)
btn.pack()


root.mainloop()
```

마스크를 생성했으니 이제 남은 일은 촬영된 사진과 배경 이미지를 합성하는 것입니다. 사진합성에도 역시 Bitwise 메소드들 중에서 'cv2.bitwise_and()' 메소드가 사용됩니다. 아래와 같이 코드를 작성한 후 실행하면 카메라 모듈이 사진 촬영을 한 뒤 'origin.png'로 사진을 저장하고, '/home/pi/' 경로에 'result.png'로 촬영된 사진과 배경 이미지가 합성되어 있는 이미지가 저장되어 있음을 볼 수 있습니다.

[코드 6-29] 촬영된 사진과 배경 이미지의 합성

```python
import Tkinter
import cv2

from Tkinter import *
from time import sleep
from picamera import PiCamera

def clickedEvent():
  camera = PiCamera()
  camera.resolution = (640, 480)
  camera.start_preview()

  sleep(2)
  camera.capture('/home/pi/origin.png')
  camera.stop_preview()
  camera.close()

  sourceImg = cv2.imread('/home/pi/origin.png')
  overlayImg = cv2.imread('home/pi/backImg.png')

  imgHeight, imgWidth, imgChennel = sourceImg.shape
  overlayRegion = sourceImg[0:imgHeight, 0:imgWidth]

  grayscaleImg = cv2.cvtColor(overlayImg, cv2.COLOR_BGR2GRAY)
  ret, mask = cv2.threshold(grayscaleImg, 254, 255, cv2.THRESH_BINARY)
  mask_inv = cv2.bitwise_not(mask)

  # Bitwise_and 함수를 통해 마스크를 적용합니다.
  bgImg = cv2.bitwise_and(overlayRegion, overlayRegion, mask = mask)
  fgImg = cv2.bitwise_and(overlayRegion, overlayRegion, mask = mask_inv)

  # 마스크를 잘라진 두 이미지를 'cv2.add()' 함수로 합칩니다.
  outputImg = cv2.add(bgImg, fgImg)
```

```
    sourceImg[0:imgHeight, 0:imgWidth] = outputImg

    # '/home/pi/' 경로에 'result.png'으로 합성된 이미지를 저장합니다.
    cv2.imwrite('/home/pi/result.png', outputImg)
root = Tkinter.Tk()
btn = Button(root, text="촬영", command = clickedEvent)
btn.pack()


root.mainloop()
```

이미지를 합성했을 때 배경 이미지가 촬영된 사진과 크기가 맞지 않아 완벽하게 촬영된 사진 전체에 합성된 이미지가 꽉 차지 않을 수 있으므로, 합성된 이미지의 크기를 재조정하여야 합니다. 이미지 크기를 재조정하기 위해서는 'cv2.resize' 함수를 사용하면 됩니다. 'cv2.resize()' 함수의 매개변수는 다음과 같습니다.

예 6-25 OpenCV resize 메소드 매개변수

cv2.resize('대상 이미지', '이미지 사이즈', '출력 이미지', '수평 배율', '수직 배율', '보간')

'cv2.resize()' 메소드에서 '수평 배율'은 크기 재조정을 할 때 가로 폭을 배율로 조정할 수 있고 예를 들어 '수평 배율 값'을 2로 설정하면 200%로 가로폭을 늘리고, '수직 배율 값'을 2로 설정하면 200%로 높이를 늘립니다. 보간(Interpolation)*란에는 보간 방법(Interpolation methods)를 적어 넣습니다. OpenCV 라이브러리에서 제공하는 보간 방법들은 다음과 같이 존재합니다.

예 6-26 CpenCV에서 제공하는 보간 방법들

```
cv2INTER_NEAREST : Nearest-Neighbor 보간법
cv2.LINEAR : bilinear 보간법
cv2.INTER_AREA : 픽셀 영역 재 샘플링
cv2.INTER_CUBIC : bicubic 보간법
cv2.INTER_LANCZOS4 : Lanczos 보간법
```

▪ 보간: 영상 처리에서 보간(Interpolation)이란 특정 위치에서의 픽셀 값을 주변 픽셀 값의 정보
를 이용하여 추정하는 방법을 의미합니다.

이미지 크기 재조정을 위해 최종적으로 작성할 코드는 다음과 같습니다. 전에 작성했던
overlayImg 변수는 크기가 재조정된 'resizedImg' 변수로 대체되어야 합니다.

[코드 6-30] 배경 이미지 크기 재조정

```
import Tkinter
import cv2

from Tkinter import *
from time import sleep
from picamera import PiCamera

def clickedEvent():
    camera = PiCamera()
    camera.resolution = (640, 480)
    camera.start_preview()

    sleep(2)
    camera.capture('/home/pi/origin.png')
    camera.stop_preview()
    camera.close()

    sourceImg = cv2.imread('/home/pi/origin.png')
    overlayImg = cv2.imread('home/pi/backImg.png')

    # overlayImg 크기를 가로 640, 세로 480 픽셀로 조정
    resizedImg = cv2.resize(overlayImg, (640, 480))

    imgHeight, imgWidth, imgChennel = sourceImg.shape
    overlayRegion = sourceImg[0:imgHeight, 0:imgWidth]
```

```
    grayscaleImg = cv2.cvtColor(resizedImg, cv2.COLOR_BGR2GRAY)
    ret, mask = cv2.threshold(grayscaleImg, 254, 255, cv2.THRESH_BINARY)
    mask_inv = cv2.bitwise_not(mask)

    bgImg = cv2.bitwise_and(overlayRegion, overlayRegion, mask = mask)
    fgImg = cv2.bitwise_and(resizedImg, resizedImg, mask = mask_inv)

    outputImg = cv2.add(bgImg, fgImg)
    sourceImg[0:imgHeight, 0:imgWidth] = outputImg

    cv2.imwrite('/home/pi/result.png', outputImg)
root = Tkinter.Tk()
btn = Button(root, text="촬영", command = clickedEvent)
btn.pack()

root.mainloop()
```

CHAPTER **7**

직접 해 보는
라즈베리파이
프로젝트

- 라즈베리파이를 이용하여 실생활에서 사용할 수 있는 자신만의 제품을 만들어 본다.
- 라즈베리파이 카메라 모듈을 사용하는 방법을 배운다.
- 오픈소스 소프트웨어를 이용하여 복잡한 프로그래밍 과정 없이도 프로젝트를 수행하는 방법을 배운다.

이 장에서는 라즈베리파이 보드를 사용하여 실생활에서 사용할 수 있는 자신만의 제품을 만들어 보면서 라즈베리파이 보드의 응용방법을 배우겠습니다. 첫 번째로 만들어 볼 제품은 미니 모니터와 라즈베리파이 보드를 이용한 '날씨예보 스테이션'입니다. 파이썬 프로그램을 이용하여 외부 기상 센터인 'OpenWeatherMap'에서 제공하는 날씨 데이터를 가지고 와서 필요한 정보로 가공한 다음 미니 모니터에 외부 온도, 강수량, 날씨 등 유용한 날씨정보를 표시하려고 합니다. 다음에 만들어 볼 장치는 라즈베리파이 보드와 카메라 모듈을 이용한 '원격 감시 카메라'입니다. 원격 감시 카메라는 라즈베리파이 카메라 모듈에서 실시간으로 촬영하는 영상을 원격지에서도 스마트폰이나 데스크탑 등을 이용하여 모니터링할 수 있는 기능을 제공할 것입니다. 이 프로젝트에서는 'Gstreamer'란 오픈소스 프레임워크를 사용하여 복잡한 프로그래밍 과정 없이도 간단하게 원격 감시 카메라를 만들어 보겠습니다.

7.1 날씨 예보 스테이션

이 프로젝트에서는 '오늘의 날씨 예보 스테이션'이란 장치를 만들어보겠습니다. '오늘의 날씨 예보 스테이션'이란 아침 기상 예보를 확인하기 힘든 사람들에게 간단하고 효과적으로 오늘의 날씨를 보여줘 출근길이나 등교길에 의상을 어떻게 입어야할지, 우산을 챙겨야할지 의사 결정을 내릴 수 있도록 도와주는 장치입니다.

이 프로젝트를 수행하기 위해 필요한 구성품은 다음과 같습니다.

준비물

- 라즈베리파이 3 보드
- HDMI 미니 모니터

다음과 같은 구성품이 준비되면, '오늘의 날씨 예보 스테이션' DIY 프로젝트를 진행할 가장 기본적인 단계가 끝났으며, 앞으로 프로젝트를 진행 구성 개요는 다음과 같습니다.

7.1.1 오늘의 날씨 예보 스테이션 프로젝트 진행 구성

① 프로젝트 요구사항 분석
② 필요한 기능 구상
③ GUI 구성
④ GUI 구현
⑤ 내부 기능 구현
⑥ 프로젝트 마무리

7.1.2 프로젝트 디렉토리 구성

이 프로젝트에서의 파일 저장 경로 구성은 [그림 7-1]과 같습니다.

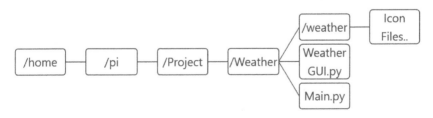

[그림 7-1] 프로젝트 파일 저장 경로

단계 1 프로젝트 요구사항 분석

프로젝트를 진행하기 전 가장 먼저 하여야 할 것은 '프로젝트 요구사항 분석'입니다. '프로젝트 요구사항 분석' 단계에선 사용자가 이 프로젝트를 통해 어떤 기능을 제공받고 싶은지정하는 단계입니다. '오늘의 날씨 예보 스테이션'은 사용자에게 [표 7-1]과 같은 간단한 기능들을 제공할 것입니다.

[표 7-1] 오늘의 날씨 예보 스테이션 제공 기능

제공 기능	설명
현재 외부 온도 표시	현재 지역의 온도를 표시합니다.
현재 외부 강수량 표시	현재 지역의 예상 강수량을 표시합니다.
현재 날씨 표시	현재 지역의 날씨를 표시합니다.

단계 2 필요한 기능 구상

자신이 무엇을 만들 것인지에 대한 큰 구상이 끝나면, 그 다음 단계로 하여야 할 것은 지금 진행할 '필요한 기능 구상'입니다. '필요한 기능 구상' 단계에선 이 장치가 '어떤 기능을 사용자에게 제공할 것'인지 또한 '제공할 기능을 만들기 위한 기능'에 대해 고민하여야 합니다. '오늘의 날씨 예보 스테이션'에서는 [표 7-2]과 같은 기능이 필요합니다. [표 7-2]의 '필요 기능'은 장치가 가져야 할 주된 기능을 뜻하고, '종속 기능'은 '필요 기능'을 구현하기 위한 세부 기능을 뜻합니다.

[표 7-2] 필요 기능 목록

필요 기능	종속 기능	설명
현재 외부 온도 표시	외부 기상 센터에서 현재 온도 데이터 취득	외부 기상 데이터를 취급하는 센터에서 현재 온도 데이터를 취득합니다.
	온도를 화면에 표시	기상 센터에서 취득한 현재 외부 온도를 화면에 표시합니다.
현재 외부 강수량 표시	외부 기상 센터에서 현재 강수량 데이터 취득	외부 기상 센터에서 현재 강수량 데이터를 취득합니다.
	강수량 화면에 표시	기상 센터에서 취득한 현재 지역 강수량 데이터를 화면에 표시합니다.
현재 날씨 표시	외부 기상 센터에서 현재 날씨 데이터 취득	외부 기상 센터에서 오늘의 날씨 데이터를 취득합니다.
	날씨 데이터를 그림으로 변환	날씨 데이터에 해당하는 날씨 그림으로 변환합니다.
	현재 날씨 화면에 표시	변환된 날씨 그림을 화면에 표시합니다.

단계 3 GUI 구성

프로젝트에 필요한 기능들이 정리되었으면, 이번 단계에서는 해당 프로젝트가 '어떤 화면으로 사용자에게 정보를 제공해 줄 것인가'에 대해서 정할 것입니다. '오늘의 날씨 예보 스테이션'은 복잡한 정보를 사용자에게 보여주기 보다는 최대한 단순하게 현재 시간의 외부 온도와, 강수량 그리고 날씨만을 알려 줄 것입니다. '오늘의 날씨 예보 스테이션'의 대략적인 GUI 구성은 [그림 7-2]과 같고, GUI 구성에 사용될 아이콘은 [그림 7-3]와 같습니다.

[그림 7-2] 예상 GUI 구성

[그림 7-3] GUI 구성에 사용될 날씨 아이콘들

GUI 구현을 위해 파이썬 'Tkinter 모듈'을 사용할 것이고, [그림 7-2]와 같은 정돈된 배치를 만들려면 격자 모양으로 배치를 할 수 있는 Grid Layout을 사용하여야 합니다. Grid Layout으로 [그림 7-4]의 배치를 구성하면 [그림 7-2]처럼 구성이 될 수 있습니다.

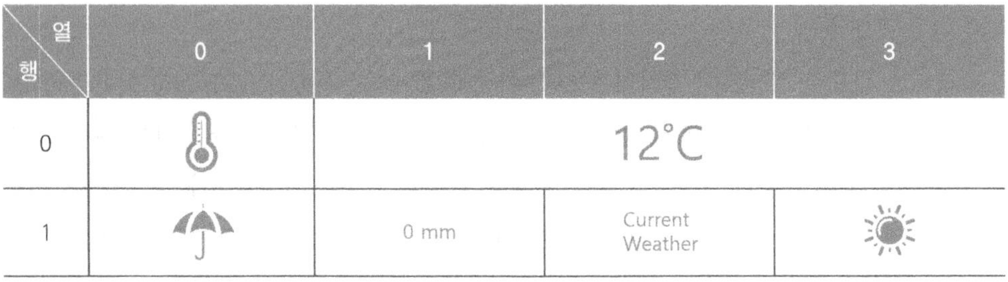

열 행	0	1	2	3
0	🌡	12℃		
1	☂	0 mm	Current Weather	☀

[그림 7-4] 예상 GUI 구성의 Grid Layout 배치

단계 4 GUI 구현

[단계 3]을 통해 GUI의 구성 기획이 끝났다면, 이번 차례에서 파이썬을 통해서 실질적인 GUI 데모를 만들어볼 것입니다. 파이썬으로 GUI를 만들기 위해선 'Tkinter 모듈'을 사용할 것입니다. Tkinter 모듈은 기본적으로 내장되어있어 터미널에서 별도로 설치할 필요가 없습니다. GUI를 생성하는 코드는 [코드 7-1]과 같습니다. [코드 7-1]에서 사용된 이미지 파일은 [표 7-3]과 같고, 모든 아이콘의 크기는 가로 및 세로로 1024 × 1024 픽셀로 설정되어있습니다.

[표 7-3] GUI 구성에 사용된 아이콘

아이콘	이름 및 크기	설명
 🌡	temp.gif	온도 설명 대체 아이콘
 ☂	precipitation.gif	강수량 설명 대체 아이콘
 ☀	clear.gif	날씨 데이터의 '맑음'을 표현할 아이콘
 🌧	rain.gif	날씨 데이터의 '비옴'을 표현할 아이콘
 ☁	cloud.gif	날씨 데이터의 '흐림'을 표현할 아이콘
🌨	snow.gif	날씨 데이터의 '눈옴'을 표현할 아이콘
 🌥	fog.gif	날씨 데이터의 '안개낌'을 표현할 아이콘
 🌀	extreme.gif	날씨 데이터의 '허리케인 등'을 표현할 아이콘

[코드 7-1] GUI 구성 코드 (WeatherGUI.py)

```
from Tkinter import *

class WeatherGUI():
    root = Tk()
    tempVal = StringVar()    # 온도를 저장할 변수 생성
    rainProbs = StringVar()   # 강수량을 저장할 변수 생성


    """
    온도 대체 아이콘을 불러 절반 사이즈로 줄이고(subsample), Tkinter 위젯 중
    라벨을 생성하여 텍스트 대신 온도 아이콘을 표시합니다. 가장자리 선은 모두
    제거합니다.
    """

    imageFile = '/home/pi/Project/Weather/weather/temp.gif'
    tempImage = PhotoImage(file = imageFile).subsample(2,2)
    tempLogo = tempLogo = Label(root, image = tempImage, highlightthick-
ness=0, borderwidth=0)
    tempLogo.image = tempImage


    """
    온도를 표시할 라벨을 생성하고, 텍스트 정렬을 가운데로 설정, 폰트 사이즈는
    120pt로 설정합니다. 가장자리 선은 모두 제거합니다.
    """

    temp = Label(root, textvariable = tempVal, highlightthickness=0, border-
width=0, fg='#77aac7')
    temp.config(bg='white', font=(None, 120), justify = 'center')


    """
    강수량 대체 아이콘을 불러 절반 사이즈로 줄이고(subsample), 라벨을 생성하여
    텍스트 대신 강수량 아이콘을 표시합니다. 가장자리 선은 모두 제거합니다.
    """

    imageFile = '/home/pi/Project/Weather/weather/precipitation.gif'
    rainImage = PhotoImage(file = imageFile).subsample(2, 2)
```

```
    rainLogo = Label(root, image = rainImage, highlightthickness=0, border-
width=0)
    rainLogo.image = rainImage

    """
    강수량을 표시할 라벨을 생성하고, 폰트 사이즈는 50pt로 설정합니다.
    가장자리 선은 모두 제거합니다.
    """
    rainProb = Label(root, textvariable = rainProbs, highlightthickness=0,
borderwidth=0, fg='#77aac7')
    rainProb.config(bg = 'white', font = (None, 50), width = 10, highlight-
thickness=0, borderwidth=0)

    """
    현재 날씨 텍스트 'Current Weather'를 표시할 라벨을 생성하고, 가장자리 선은
    모두 제거합니다.
    """
    currentWeather = Label(root, text='Current Weather', highlightthick-
ness=0, borderwidth=0, fg='#77aac7')
    currentWeather.config(bg = 'white', font = (None, 50))

    """
    임시로 표시할 아이콘을 불러온 뒤 절반 사이즈로 줄이고(subsample),
    라벨을 생성하여 텍스트 대신 임시 아이콘을 표시합니다.
    """
    imageFile = '/home/pi/Project/Weather/weather/precipitation.gif'
    weatherImage = PhotoImage(file = imageFile).subsample(2,2)
    weatherLogo = Label(root, image = weatherImage, highlightthickness=0,
borderwidth=0)
    weatherLogo.image = weatherImage
    """
    WeatherGUI 클래스가 처음 생성되었을 때, 실행할 생성자를 정의합니다.
    기본 프레임의 색상을 하얀색으로 정의하고, 전체화면으로 실행될 수 있도록 설정합니다.
```

```
    Grid  Layout  배치로 다음과 같이 각 위젯들을 배치합니다.
    1행 1열 : 온도 로고
    1행 2열 : 온도 텍스트 라벨 (2열부터 4열까지 셀 합치기)
    2행 1열 : 강수량 로고
    2행 2열 : 강수량 텍스트 라벨
    2행 3열 : 'Current Weather' 텍스트 라벨
    2행 4열 : 현재 날씨 아이콘
    """

    def __init__(self):
        self.root.config(bg='white')
        self.root.attributes("-fullscreen", True)
        self.root.bind('<Control-c>', self.exitProgram)
        self.root.focus()


        self.tempVal.set('0C')
        self.rainProbs.set('0 mm')
        self.tempLogo.grid(row=0, column=0)
        self.temp.grid(row=0, column=1, columnspan = 3)
        self.rainLogo.grid(row=1, column=0)
        self.rainProb.grid(row=1, column=1)
        self.currentWeather.grid(row = 1, column = 2)
        self.weatherLogo.grid(row=1, column=3, sticky=E)
        self.root.mainloop()   # 데모용 임시 코드. [코드 7-3]에서 삭제.


    # Control + C를 눌렀을 때 프로그램을 종료할 기능 정의
    def exitProgram(self, event):
        self.root.destroy()
w = WeatherGUI() # 데모용 임시 코드. [코드 7-3]에서 삭제.
```

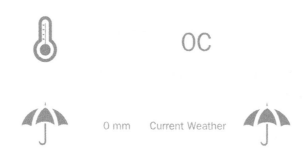

[그림 7-5] GUI 데모 구현 결과

단계 5 **내부 기능 구현**

[코드 7-1]을 통해 기본적인 GUI 구성이 완료되었으면, GUI 화면의 '온도', '강수량', 그리고 '현재 날씨'의 정보를 갱신해줘야 하고, 이 때 필요한 기능은 [표 7-2]의 필요 기능 목록에서 정의해 두었습니다. 내부 기능을 구현하기 전 가장 먼저 고려하여야 할 것은 바로 '어떻게 기상 데이터를 취득할 것인가'입니다. 이 문제를 해결하기 위한 가장 좋은 방법은 세계의 날씨 데이터를 API 형태로 제공해주는 'OpenWeatherMap'이란 기상 센터를 이용하는 것입니다. OpenWeatherMap은 제한적이지만 무료로 기상 데이터를 사용자에게 제공하고 있으며, 기상 데이터를 쉽게 가져올 수 있는 파이썬 모듈이 존재합니다. OpenWeatherMap의 기상 데이터를 사용하기 위해선 먼저 OpenWeatherMap 홈페이지[1]에 회원가입을 한 뒤, 'API Key'라는 것을 취득하여야 합니다. 해당 기상 센터 홈페이지에서 'Sign Up' 버튼을 통해 회원 가입 절차를 진행할 수 있습니다.

---

1) https://openweathermap.org/

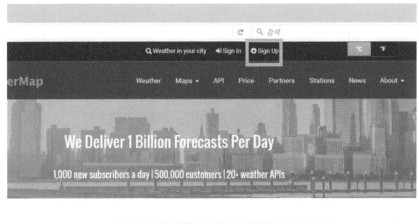

[그림 7-6] OpenWeatherMap 홈페이지 가입 절차

회원 가입이 완료되면, 기상 데이터를 어떤 목적으로 쓰는 지에 대한 간단한 설문 팝업창이 나타나는데, 해당 설문 내용을 작성하거나 'Cancel' 버튼을 눌러 취소합니다. 설문 팝업창을 닫고 나면, 제일 먼저 보이는 것은 'My Home' 이란 페이지이며 'API Key'를 취득하기위해 제공되는 메뉴 버튼 중 'API Keys' 메뉴 버튼을 누릅니다. API Keys 메뉴에 진입하면 회색 박스에 보이는 복잡한 문자열이 바로 API Key이며 이 키는 기상 데이터를 가져오기위해 반드시 필요한 요소이므로 따로 메모하여 보관하는 것이 좋습니다.

[그림 7-7] API Key 취득 과정

[그림 7-7] 과정을 통해 API Key를 취득하였다면, 'OpenWeatherMap' API 사용을 위한 'PyOWM' 모듈 설치를 진행하여야 합니다. 모듈 설치를 위해 터미널에서 [예 7-1]과 같이 입력합니다.

예 7-1	PyOWM 모듈 설치를 위한 명령어

```
sudo pip install --upgrade pip
sudo pip install pyowm
```

[예 7-1]의 명령어를 통해 PyOWM 모듈 설치가 끝나면, OpenWeatherMap 기상 센터의 데이터를 가져올 수 있는 준비가 되었습니다. PyOWM의 자세한 메소드들을 확인하고 싶다면, PyOWM 모듈의 깃허브 문서 사이트[2]에서 확인할 수 있습니다. [표 7-2]를 참고하여 먼저 구현할 기능은 OpenWeatherMap 기상 센터에서 현재 외부 온도, 강수량, 그리고 날씨 데이터를 가져오는 것입니다. [코드 7-2]는 OpenWeatherMap 기상 센터에서 API Key 로 인증 후 데이터를 가져와 현재시간에 맞는 예보 데이터를 추려내는 과정을 나타냅니다.

---

2) https://pyowm.readthedocs.io/en/latest/

[코드 7-2] 내부 기능 구현 코드 (Main.py)

```python
from time import sleep
from datetime import datetime
from pyowm import *

"""
OpenWeatherMap 사이트의 날씨 예보 코드³⁾

"""
def weatherCode(code):
    if code[:1] = '2' or code[:1] == '3':
        return 'rain'
    elif code[:1] == '6'
        return 'snow'
    elif code[:1] == '7'
        return 'fog'
    elif code == '800'
        return 'clear'
    elif code[:1] == '8'
        return 'clear'

"""
취득한 API Key를 통해 서울의 3시간 단위 기상 데이터를 가져옵니다.
"""
apiKey = [ API Key 입력 ]
owm = OWM(apiKey)
foreCast = owm.three_hours_forecast('Seoul, kr')
f = foreCast.get_forecast()

"""
temp : 온도를 저장할 변수, rain : 강수량을 저장할 변수
```

```
code : 오늘 날씨 코드를 저장할 변수
"""

temp = 0
rain = 0
code = 'clear'


"""
OpenWeatherMap 기상 센터에서 1시간 마다 현재 시간대의 기상 데이터를 가져와 저장합니다.
"""
while (True):
    foreCast = owm.weather_at_place('Seoul, kr')
    weather = foreCast.get_weather()

    temp = weather.get_temperature('celsius')['temp']
    if len(weather.get_rain()) == 0:
        rain = 0
    else:
        rain = f.get_rain()['3h']
    code = weatherCode(str(weather.get_weather_code()))

    for i in range(3600):
        w.update()
        sleep(1)
```

[코드 7-2]는 3시간 간격으로 넘어오는 기상 데이터들 중에서 현재 시간대에 맞는 데이터를 골라내 변수에 저장하는 과정입니다. 화면에 표시할 데이터를 얻었으니 남은 과정은 얻은 데이터를 'WeatherGUI' 객체에 넘겨주어 실제로 화면에 표시할 기능을 구현하는 일만 남았습니다. [코드 7-1]은 단순히 데모 화면을 구성하는 코드이고, [코드 7-2]를 통해 얻은 날씨 데이터를 넘겨받아 화면에 표시해주는 기능이 존재하지 않습니다. 이를 추가로 구현한 코드는 [코드 7-3]이며, 이 코드는 [코드 7-1]을 확장한 것입니다.

---

3) https://openweathermap.org/weather-conditions

[코드 7–3] GUI 기능 추가한 코드 (WeatherGUI.py)

```python
from Tkinter import *

class WeatherGUI():
    root = Tk()
    tempVal = StringVar()
    rainProbs = StringVar()


    imageFile = '/home/pi/Project/Weather/weather/temp.gif'
    tempImage = PhotoImage(file = imageFile).subsample(2,2)
    tempLogo = tempLogo = Label(root, image = tempImage, highlightthick-
ness=0, borderwidth=0)
    tempLogo.image = tempImage


    temp = Label(root, textvariable = tempVal, highlightthickness=0, border-
width=0, fg='#77aac7')
    temp.config(bg='white', font=(None, 120), justify = 'center')


    imageFile = '/home/pi/Project/Weather/weather/precipitation.gif'
    rainImage = PhotoImage(file = imageFile).subsample(2, 2)
    rainLogo = Label(root, image = rainImage, highlightthickness=0, border-
width=0)
    rainLogo.image = rainImage


    rainProb = Label(root, textvariable = rainProbs, highlightthickness=0,
borderwidth=0, fg='#77aac7')
    rainProb.config(bg = 'white', font = (None, 50), width = 10, highlight-
thickness=0, borderwidth=0)


    currentWeather = Label(root, text='Current Weather', highlightthick-
ness=0, borderwidth=0, fg='#77aac7')
    currentWeather.config(bg = 'white', font = (None, 50))


    imageFile = '/home/pi/Project/Weather/weather/precipitation.gif'
```

```python
        weatherImage = PhotoImage(file = imageFile).subsample(2,2)
        weatherLogo = Label(root, image = weatherImage, highlightthickness=0,
borderwidth=0)
        weatherLogo.image = weatherImage


    def setTemperature(self, tempValue):  # 온도 설정 메소드
        self.tempVal.set(str(tempValue) + ' C')


    def setRainProb(self, rainProbs):  # 강수량 설정 메소드
        self.rainProbs.set(str(rainProbs) + ' mm')


    # 날씨 아이콘 변경 메소드
    def setWeatherIcon(self, weather):
        if weather == 'clear':
            imageFile = '/home/pi/Project/Weather/weather/clear.gif'
        elif weather == 'rain':
            imageFile = '/home/pi/Project/Weather/weather/rain.gif'
        elif weather == 'snow':
            imageFile = '/home/pi/Project/Weather/weather/snow.gif'
        elif weather == 'fog':
            imageFile = '/home/pi/Project/Weather/weather/fog.gif'
        elif weather == 'cloud':
            imageFile = '/home/pi/Project/Weather/weather/cloud.gif'
        elif weather == 'extreme':
            imageFile = '/home/pi/Project/Weather/weather/extreme.gif'

        weatherIcon = PhotoImage(file = imageFile).subsample(2, 2)
        self.weatherLogo.config(image = weatherIcon)
        self.weatherLogo.image = weatherIcon


    """
    화면 갱신 메소드

    """

    def update(self):
```

```
        self.root.update_idletasks()
        self.root.update()


    def __init__(self):
        self.root.config(bg='white')
        self.root.attributes("-fullscreen", True)
        self.root.bind('<Control-c>', self.exitProgram)
        self.root.focus()

        self.tempVal.set('0C')
        self.rainProbs.set('0 mm')

        self.tempLogo.grid(row=0, column=0)
        self.temp.grid(row=0, column=1, columnspan = 3)
        self.rainLogo.grid(row=1, column=0)
        self.rainProb.grid(row=1, column=1)
        self.currentWeather.grid(row = 1, column = 2)
        self.weatherLogo.grid(row=1, column=3, sticky=E)


    def exitProgram(self, event):
        self.root.destroy()
```

WeatherGUI 클래스에 데이터를 넘겨받는 기능을 추가했으니, [코드 7-2]에서 기상 센터에서 얻은 데이터를 넘겨주는 일만 남았습니다. 데이터를 넘겨주는 일은 [코드 7-3]에서 정의한 것처럼 'setTemperature()', 'setRainProb()', 'setWeatherIcon()' 메소드를 이용하여 데이터를 넘겨줄 수 있습니다. 이를 구현한 코드는 [코드 7-4]와 같습니다.

[코드 7-4] 내부 기능 구현 코드 (Main.py)

```
from WeatherGUI import *
from time import sleep
from datetime import datetime
from pyowm import *
```

```python
def weatherCode(code):
    if code[:1] == '2' or code[:1] == '3':
        return 'rain'
    elif code[:1] == '6':
        return 'snow'
    elif code[:1] == '7':
        return 'fog'
    elif code == '800':
        return 'clear'
    elif code[:1] == '8':
        return 'cloud'


w = WeatherGUI()


apiKey = [ API Key 입력 ]
owm = OWM(apiKey)
foreCast = owm.three_hours_forecast('Seoul, kr')
f = foreCast.get_forecast()


temp = 0
rain = 0
code = 'clear'


while (True):
    foreCast = owm.weather_at_place('Seoul, kr')
    weather = foreCast.get_weather()

    temp = weather.get_temperature('celsius')['temp']
    if len(weather.get_rain()) == 0:
        rain = 0
    else:
        rain = f.get_rain()['3h']
    code = weatherCode(str(weather.get_weather_code()))
```

```
# 데이터를 GUI로 넘겨줌
w.setTemperature(temp)
w.setRainProb(rain)
w.setWeatherIcon(code)

for i in range(3600):
    w.update()
    sleep(1)
```

[그림 7-8] 완성된 오늘의 날씨 스테이션 화면

단계 6 프로젝트 마무리

[단계 5]까지의 과정을 통해 모든 프로그램이 완성되었다면, 이번 단계에선 라즈베리파이
보드를 재부팅하였을 때 자동으로 제작한 프로그램이 실행될 수 있도록 설정하는 작업을
해볼 것입니다. 완성된 파이썬 스크립트를 라즈비안 시작 시에 등록하기 위해 터미널에서
[예 7-2]와 같이 입력하여 '/etc/' 경로에 있는 profile 파일을 엽니다.

예 7-2   시작 프로그램 등록을 위한 profile 파일 열기

```
sudo leafpad /etc/profile
```

profile 파일을 열고나서 [예 7-3]의 명령어를 맨 마지막 줄에 추가하여 작성한 파이썬 스
크립트를 등록합니다 ([그림 7-9]). 명령줄 추가가 완료되었다면, 라즈베리파이 보드를 재
부팅하고 '오늘의 날씨 스테이션'이 제대로 실행되는지 확인합니다.

예 7-3   시작 프로그램에 등록하기 위한 명령어 추가

```
sudo python /home/pi/Project/Weather/Main.py
```

```
파일(F) 편집(E) 검색(S) 설정(O) 도움말(H)
# /etc/profile: system-wide .profile file for the Bourne shell (sh(1))
# and Bourne compatible shells (bash(1), ksh(1), ash(1), ...).

if [ "`id -u`" -eq 0 ]; then
  PATH="/usr/local/sbin:/usr/local/bin:/usr/sbin:/usr/bin:/sbin:/bin"
else
  PATH="/usr/local/sbin:/usr/local/bin:/usr/sbin:/usr/bin:/sbin:/bin:/usr/local/games:/usr/games"
fi
export PATH

if [ "$PS1" ]; then
  if [ "$BASH" ] && [ "$BASH" != "/bin/sh" ]; then
    # The file bash.bashrc already sets the default PS1.
    # PS1='\h:\w\$ '
    if [ -f /etc/bash.bashrc ]; then
      . /etc/bash.bashrc
    fi
  else
    if [ "`id -u`" -eq 0 ]; then
      PS1='# '
    else
      PS1='$ '
    fi
  fi
fi

if [ -d /etc/profile.d ]; then
  for i in /etc/profile.d/*.sh; do
    if [ -r $i ]; then
      . $i
    fi
  done
  unset i
fi
sudo python /home/pi/Project/Weather/Main.py
```

[그림 7–9] 맨 마지막 줄에 [예 7–4]와 같은 명령어를 추가

7.2 원격 감시 카메라

이번 섹션에선 '라즈베리파이 보드'와 '라즈베리파이 카메라 모듈', 그리고 'GStreamer 프레임워크*'를 이용하여 원격 감시 카메라를 만들어볼 것입니다. GStreamer 프레임워크는 스트리밍* 멀티미디어 응용프로그램을 손쉽게 만들어주는 프레임워크입니다. 해당 프로젝트를 진행하기 위해 준비하여야 할 구성품은 다음과 같습니다.

██ **준비물**

- 라즈베리파이 3 보드
- 라즈베리파이 카메라 모듈

해당 프로젝트는 GStreamer 프레임워크를 이용하기 때문에 프로젝트 진행을 위한 복잡한 절차를 진행할 필요가 없어, 이 절에서는 다음과 같은 구성으로 프로젝트를 진행해보겠습니다.

7.2.1 원격 감시 카메라 프로젝트 진행 구성

① GStreamer 설치 (라즈베리파이 및 윈도우즈)
② 실시간 스트리밍을 위한 GStreamer 구동
③ 원격 접속을 위한 포트포워딩 설정 (선택)

██ 단계 1 ██ GStreamer 설치

프로젝트를 진행하기 위해 가장 먼저 하여야 할 일은 'GStremer'를 라즈비안에 설치하는 것이고, 이를 위해 [예 7-4]와 같이 입력합니다.

██ 예 7-4 ██   GStreamer 설치 하기

```
sudo apt-get install gstreamer1.0
```

! 주의

라즈비안에서 'GStreamer'를 설치 중 실패하고 도중에 끝날 경우, 다시 [예 7-4]의 명령어를 입력하여 설치를 완료할 수 있습니다.

- 프레임워크(Framework) : 응용 프로그램 표준 구조를 구현하는 클래스와 라이브러리의 모임을 뜻합니다.
- 스트리밍(Streaming) : 주로 소리나 동영상 등의 멀티미디어를 실시간으로 전송하며 재생하는 방식을 뜻합니다.

라즈비안 내에 GStreamer 설치가 끝났다면, 원격으로 감시를 진행할 컴퓨터에도 GStreamer를 설치해야 합니다. 이 책에서는 Windows 운영체제에 GStreamer을 설치하여 원격 감시를 진행할 것입니다. GStreamer 설치파일을 다운로드 하기 위해 GStreamer 홈페이지[4]를 방문하여 좌측 메뉴에 있는 'Download'를 클릭합니다.

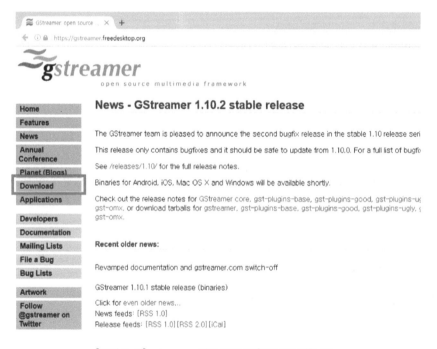

[그림 7-10] gstreamer 설치 파일 다운로드를 위한 메뉴

Download 메뉴에 진입하면 GStreamer의 다양한 지원 플랫폼이 나타납니다. 이 책에서는 Windows 운영체제로 설치를 진행할 것이기 때문에 Windows 목록에 'here' 하이퍼링크를 클릭하여 다운로드 페이지로 진입합니다.

---

4) https://gstreamer.freedesktop.org/

[그림 7-11] Windows 목록의 'here' 하이퍼링크

'다운로드 페이지'로 진입하면, 수 많은 버전의 GStreamer가 존재합니다. 가장 최신의 설치 파일을 다운로드 하기 위해 목록에서 제일 아래에 있는 버전의 디렉토리에 진입하게 되면 해당 버전의 다양한 설치파일들이 나타납니다. 그 중 자신의 운영체제가 32-bit 운영체제 라면 [그림 7-12]를 참고하여 목록 중 '1번' 설치 파일을 다운받고, 64-bit 운영체제라면 '2번' 설치 파일을 다운받도록 합니다.

파일	날짜	크기	
gstreamer-1.0-devel-x86-1.10.2.msi	2016-11-30 08:07	123M	
gstreamer-1.0-devel-x86-1.10.2.msi.asc	2016-11-30 08:07	963	
gstreamer-1.0-devel-x86-1.10.2.msi.sha256sum	2016-11-30 08:07	101	
gstreamer-1.0-devel-x86_64-1.10.2.msi	2016-11-30 08:08	132M	
gstreamer-1.0-devel-x86_64-1.10.2.msi.asc	2016-11-30 08:08	963	
gstreamer-1.0-devel-x86_64-1.10.2.msi.sha256sum	2016-11-30 08:08	104	
gstreamer-1.0-x86-1.10.2-merge-modules.zip	2016-11-30 08:08	114M	
gstreamer-1.0-x86-1.10.2-merge-modules.zip.asc	2016-11-30 08:08	963	
gstreamer-1.0-x86-1.10.2-merge-modules.zip.sha256sum	2016-11-30 08:08	109	
gstreamer-1.0-x86-1.10.2.msi	2016-11-30 08:09	115M	1번
gstreamer-1.0-x86-1.10.2.msi.asc	2016-11-30 08:09	963	
gstreamer-1.0-x86-1.10.2.msi.sha256sum	2016-11-30 08:09	95	
gstreamer-1.0-x86_64-1.10.2-merge-modules.zip	2016-11-30 08:09	122M	
gstreamer-1.0-x86_64-1.10.2-merge-modules.zip.asc	2016-11-30 08:09	963	
gstreamer-1.0-x86_64-1.10.2-merge-modules.zip.sha256sum	2016-11-30 08:09	112	
gstreamer-1.0-x86_64-1.10.2.msi	2016-11-30 08:10	123M	2번
gstreamer-1.0-x86_64-1.10.2.msi.asc	2016-11-30 08:10	963	
gstreamer-1.0-x86_64-1.10.2.msi.sha256sum	2016-11-30 08:10	98	

[그림 7-12] gstreamer 설치파일 목록

각 운영체제의 Bit에 맞는 설치 파일을 다운받았다면, 설치를 진행합니다. 설치 파일을 실행하고 첫 화면에서 바로 'Next'를 눌러 다음 단계로 넘어가면, 사용자 라이센스 동의를 묻는 화면이 나타납니다. 설치 진행을 계속 하기 위해 체크 박스를 활성화 하여 라이센스에 동의하고 'Next'를 누릅니다.

[그림 7-13] 사용자 라이센스 동의 화면

[그림 7-13] 화면에서 라이센스를 동의하고 다음 단계로 넘어가면, 세 가지 설치 유형 중 어떤 유형으로 설치할 것인지 묻는 화면이 나타나게 됩니다. 'Complete' 유형 외에 나머지 두 가지 유형은 원격으로 라즈베리파이와 연결 시에 문제가 발생할 수 있으므로, 반드시 Complete 설치 유형으로 설치해야 합니다 ([그림 7-14]).

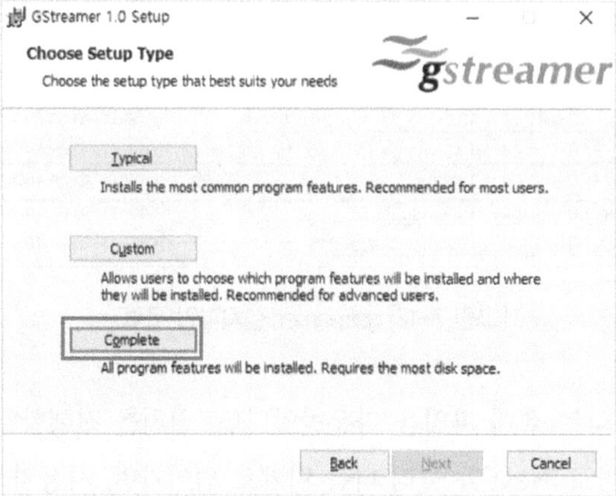

[그림 7-14] 설치유형 선택 화면

Complete 유형을 누르면 마지막으로 Install을 할 것인지 한번 더 묻는 창이 나타나고 'Install' 버튼을 누르면 설치가 진행됩니다.

단계 2 실시간 스트리밍을 위한 GStreamer 구동

이번 단계에선 설치된 GStreamer와 라즈베리파이 카메라 모듈을 이용하여 실시간으로 스트리밍을 해볼 것입니다. GStreamer 구동을 위해 라즈비안 터미널에서 [예 7-5]와 같이 입력합니다.

| 예 7-5 | 라즈비안 내에서 GStreamer 구동 명령어 |

```
raspivid -t 0 -h 480 -w 640 -fps 30 -hf -b 10000000 -o - | gst-launch-1.0
-v fdsrc ! h264parse ! rtph264pay config-interval=1 pt=96 ! gdppay ! tcpser-
versink host=[라즈베리파이 IP 주소] port=5000
```

[예 7-5]의 명령어에서 [라즈베리파이 IP 주소]를 확인하기 위해 [예 7-6]과 같이 입력합니다.

| 예 7-6 | 라즈베리파이 IP 주소 확인 하기 |

```
ifconfig
```

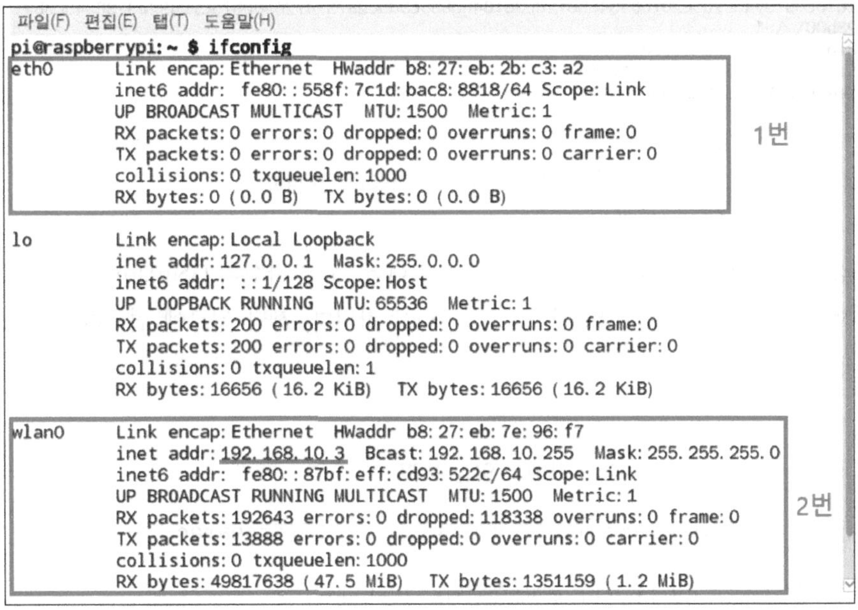

[그림 7-15] ifconfig 명령어의 결과

'ifconfig' 명령어를 입력하면 다양한 유형의 IP가 확인됩니다. 만약 라즈베리파이 보드가 랜선으로 연결되어 있다면 1번 빨간색 박스 안에 IP 주소가 보이고, WiFi로 연결되어 있다면 2번 빨간색 박스에 IP 주소가 보이게 됩니다. [그림 7-15]를 참고하면 현재 사용하고 있는 라즈베리파이 보드는 WiFi로 연결되어 있고, IP 주소는 192.168.10.3 인 것을 알 수 있습니다. [예 7-5]의 명령어를 라즈베리파이 보드 IP 주소로 수정하여 정확하게 입력하면, 화면에 현재 카메라로 촬영되고 있는 영상이 나타나게 되고, 터미널에는 [그림 7-16]과 같이 보이게 됩니다.

[그림 7-16] [예 7-5] 명령어 실행 결과

해당 영상을 원격지 Windows 운영체제에서 보려면, 우선 자신의 GStreamer가 설치된 경로에 'Windows 명령 프롬프트 창'으로 접근해야 합니다. 해당 경로에 접근하기 위해 [예 7-7]과 같이 입력합니다.

예 7-7	Windows에서 감시 카메라 영상 보기

cd [설치된 디스크명]:\gstreamer\1.0\x86_64\bin (자신의 **GStreamer** 설치 경로)

[설치된 디스크명]: (만약 F 드라이브에 설치되었다면 F:)
cd F:\gstreamer\1.0\x86_64\bin

주의

자신의 GStreamer 설치경로는 처음 GStreamer 파일이 다운받아진 디스크에 설치됩니다. 예를 들어 GStreamer 설치파일이 C 드라이브에 다운받아졌다면, C 드라이브에 GStreamer가 설치되고, D 드라이브에 설치파일이 다운받아졌다면, D 드라이브에 GStreamer가 설치됩니다.

Windows 10 운영체제에서 명령 프롬프트를 실행하는 방법은 '윈도우즈 키' + 'R'을 눌러 나타나는 실행 창에서 'cmd'라고 입력하면 됩니다.

[예 7-5]에 해당하는 경로로 접근해서 [예 7-8]과 같이 입력하면, 새로운 창 하나가 뜨며 그 안에 라즈베리파이 카메라가 촬영하고 있는 영상이 나타나게 됩니다.

| 예 7-8 | Windows에서 감시 카메라 영상 보기 |

```
gst-launch-1.0 -v tcpclientsrc host= [라즈베리파이 IP 주소] port=5000 ! gdpdepay ! rtph264depay ! avdec_h264 ! videoconvert ! autovideosink sync=false
```

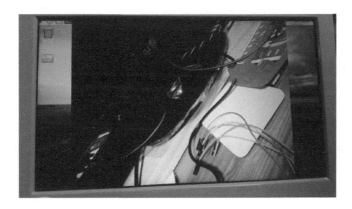

[그림 7-17a] 라즈베리 파이의 디스플레이 화면

[그림 7-17b] 윈도우즈의 디스플레이 화면

⌛ **스마트폰에서의 원격 감시 카메라 접속**

윈도우즈 운영체제에서 원격 감시 카메라를 접속하는 방법 외에도 스마트폰에서 감시 카메라의 영상을 확인하는 방법이 존재하는데, 바로 'RaspberryPi Camera Viewer'라는 앱을 이용하는 것입니다. 라즈베리파이에서 GSteamr을 구동하는 것은 동일하지만, RaspberryPi Camera Viewer에선 라즈베리파이의 IP 주소만 입력해주면 바로 원격으로 감시 카메라에 접속이 가능합니다.

단계 3 원격 접속을 위한 포트포워딩 설정 (선택)

❗ **주의**

이 단계는 라즈베리파이 보드의 인터넷 연결이 공유기를 통해 되어있을 경우, 진행하는 단계입니다.

만약 라즈베리파이 보드의 인터넷이 공유기를 통해 연결이 되어있다면, 외부에서 라즈베리파이 보드로 바로 접속하여 감시 카메라를 연결할 수 없습니다. 이는 [그림 7-18]과 같이 공유기 내부에서 자체적으로 만든 IP 주소를 할당하기 때문에 외부에서 실제로 접속하여야 하는 IP 주소와 다릅니다.

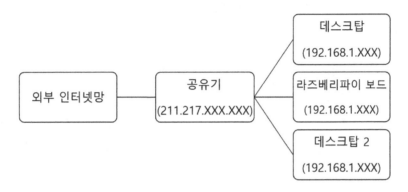

[그림 7-18] 공유기의 네트워크 구성도

따라서 공유기를 사용하는 네트워크 환경에서는 별도로 라즈베리파이 보드에 접근할 수 있도록 공유기의 공인 IP 주소와 특정 포트를 이용하여 만들어주는 '포트포워딩'이란 방법을 사용합니다. 포트포워딩을 사용하여 외부 인터넷 망에서 라즈베리파이 보드로 접속하는 과정을 살펴보면 [그림 7-19]로 나타낼 수 있습니다.

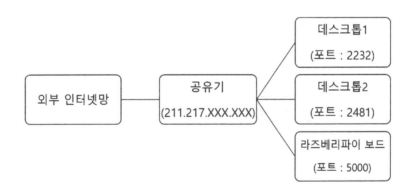

[그림 7-19] 포트포워딩을 사용한 외부 인터넷망에서 라즈베리파이 보드로 접근 방법

외부 인터넷 망에선 공유기 내부 장치의 IP 주소를 알 수 없으므로 공유기의 IP 주소와 공유기가 허락한 특정 포트를 합쳐 공유기 내부의 장치로 접속할 수 있습니다. 예를 들어 [그

림 7-19]를 참고하여 외부 인터넷망에서 라즈베리파이 보드로 접속하기 위해선 공유기의 IP 주소인 '211.217.XXX.XXX:5000 (IP 주소:포트번호)'로 접속합니다.

> **！주의**
>
> 이 책에서는 공유기 W2914NS-V2를 사용하고 있습니다.

포트포워딩에 대한 개념을 간단히 알아보았으니, 이제 자신의 공유기에서 라즈베리파이 보드에 접속할 수 있도록 포트포워딩을 설정해 보겠습니다. 포트포워딩을 하기 위해서는 먼저 '공유기의 설정 페이지'로 들어가야 합니다. 보통 공유기의 설정페이지는 '기본 게이트웨이'의 주소로 접속하면 진입할 수 있습니다. 기본 게이트웨이를 확인하기 위해서 Windows의 명령 프롬프트에서 [예 7-9]와 같이 입력하면 확인할 수 있습니다.

예 7-9 기본 게이트웨이 주소 확인 하기

```
ipconfig
```

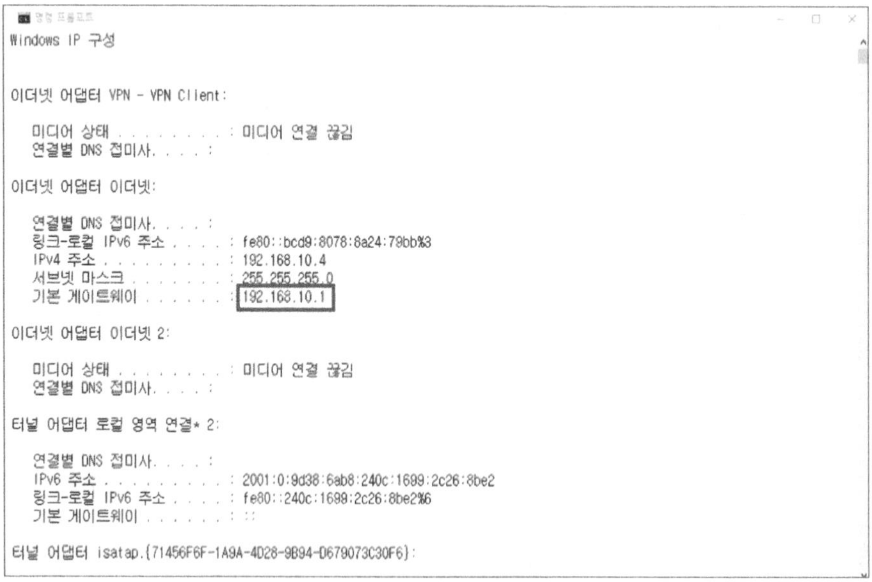

[그림 7-20] 기본 게이트웨이 확인 명령어 결과

인터넷 브라우저에서 [예 7-10]과 같이 입력하여 공유기 설정 페이지로 이동합니다. 공유기 설정 메인 페이지에서 주의깊게 보아야 할 것은 바로 외부 IP주소입니다. 외부 IP주소는 외부 인터넷망과 직접적으로 연결되어 있는 IP 주소이기 때문에, 외부에서 접근하기 위해서 알고 있어야 합니다.

예 7-10	공유기 설정 페이지로 이동하기 위한 주소 ([그림 7-20] 참고)

```
http://192.168.10.1
( http://[기본 게이트웨이 주소] )
```

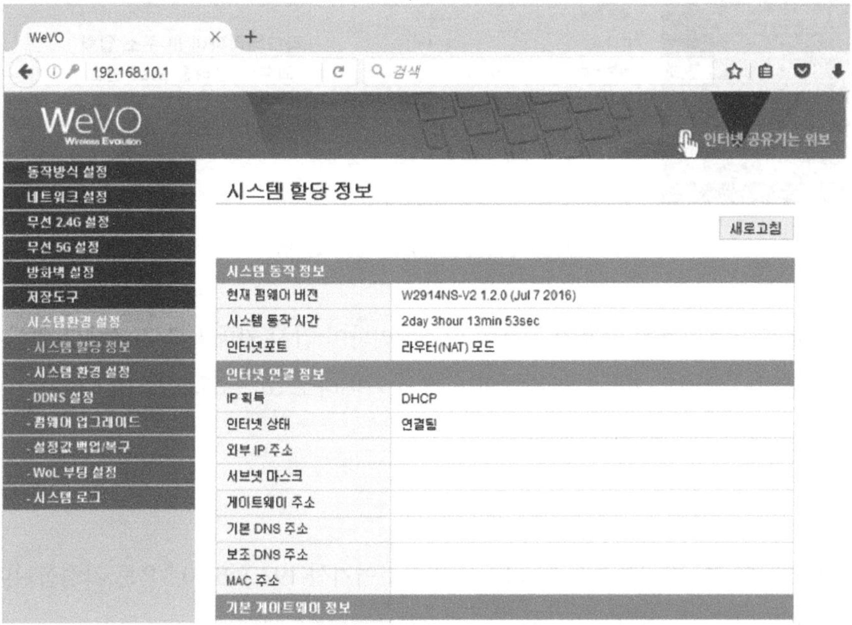

[그림 7-21] 공유기 설정 페이지

공유기 설정 페이지의 다양한 메뉴들 중에서 방화벽 설정이나 관리 도구의 하위 메뉴인 '포트포워딩 설정'으로 진입합니다. 포트포워딩 설정 페이지에서 꼭 작성하여야 할 항목은 'IP 주소', '외부 포트', '내부 포트', '프로토콜'입니다. 각 항목에 작성하여야 할 내용은 다음과 같습니다[그림 7-22].

① IP 주소 : 라즈베리파이 보드의 내부 IP 주소

② 외부 포트 : 외부 인터넷망에서 접근할 포트 번호

③ 내부 포트 : 외부 포트로 접근했을 때 실제로 내부로 접근되는 포트 번호

④ 프로토콜 : 통신 프로토콜 정의

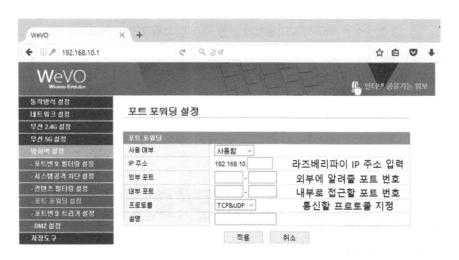

[그림 7-22] 포트포워딩 설정 페이지

이제는 외부 인터넷망에서 공유기 내부의 라즈베리파이 감시 카메라로 접근하기 위해 포트 포워딩을 설정하는 것입니다. 라즈베리파이 감시 카메라로 포트포워딩을 설정하기 전 알고 있는 항목을 정리하면 다음과 같습니다.

① 공유기의 공인 IP 주소 : 211.107.XXX.XXX

② 라즈베리파이 보드의 IP 주소 : 192.168.10.X (여기선 192.168.10.3으로 가정합니다.)

③ 라즈베리파이 감시 카메라의 사용 포트 : 5000

알고 있는 항목을 이용하여 포트포워딩 설정을 하면 다음과 같이 작성할 수 있습니다.

① IP 주소 : 192.168.10.3

② 외부 포트 : 5000 (임의로 지정해도 상관없지만, 혼동을 피하기 위해 같은 내부 포트를 사용합니다.)

③ 내부 포트 : 5000

④ 프로토콜 : TCP & UDP

해당 항목들을 작성하여 '확인'이나 '추가' 또는 '적용' 버튼을 눌러 해당 설정 사항을 꼭 저장한 후 공유기 설정 페이지를 빠져나옵니다.

포트포워딩이 제대로 설정되어있는지 가장 간단한 방법은 'RaspberryPi Camera Viewer'란 스마트폰 앱을 이용하여 확인해볼 수 있습니다. RaspberryPi Camera Viewer는 안드로이드 앱으로 플레이 스토어에서 다운받아 사용해볼 수 있습니다.

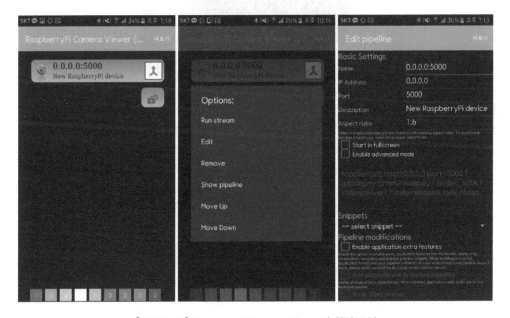

[그림 7-23] RaspberryPi Camera Viewer의 화면 구성

RaspberryPi Camera Viewer 앱을 다운 받은 뒤, 실행하면 우측 상단에 '+' 모양의 작은 아이콘이 있습니다[그림 7-23, 좌측]. + 아이콘을 클릭하면 라즈베리파이 보드 접속 항목이 하나가 생성되고, 항목을 오랫동안 터치하고 있으면 옵션 팝업창 [그림 7-23, 중앙]이 나타나게 됩니다. 옵션의 여러 항목 중 'Edit' 항목을 눌러 속성 편집창에 진입합니다 [그림 7-23, 우측]. 편집창 [그림 7-23, 우측]에서 중요한 곳은 'IP Address' 부분입니다. IP Address 항목에 라즈베리파이 보드의 내부 IP 주소를 입력하는 것이 아닌 '공유기의 외부 IP'를 입력하여야 합니다. IP Address에 외부 IP를 입력하고 아래에 있는 'SAVE' 버튼을 눌

러 변경된 사항을 저장합니다. 변경사항을 저장한 뒤 처음 화면으로 돌아와 편집한 항목을 터치하면 현재 감시 카메라가 촬영 중인 영상을 볼 수 있습니다.

[그림 7-24] 현재 촬영 중인 감시카메라의 영상

! 주의

포트포워딩이 제대로 됐는지 확인하려면, 현재 네트워크 내부가 아닌 다른 네트워크 환경에서 테스트해 보아야 합니다. RaspberryPi Camera Viewer 앱으로 테스트할 때 WiFi를 사용하지 않고 데이터망으로 테스트해 보는 것이 좋습니다.

CHAPTER **8**

부록

8.1 국내·외 라즈베리파이 커뮤니티 소개

앞서 언급했던 내용들 외에도 궁금한 사항들이 있을 수 있을 것 같아, 궁금증을 해결하기
위한 규모가 크고 활동이 왕성한 커뮤니티 사이트를 몇 군데 알려드리겠습니다.

[표 8-1] 산딸기 마을 커뮤니티 사이트 정보

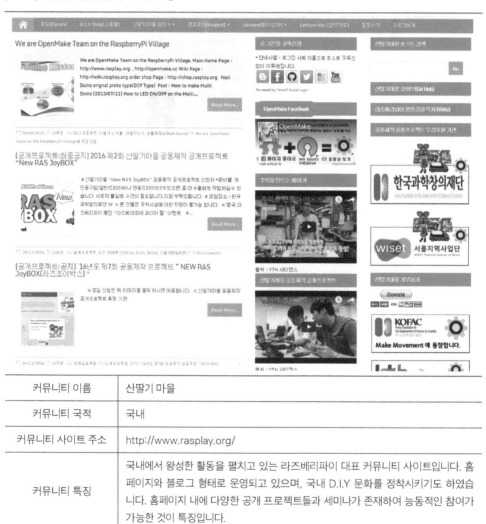

커뮤니티 이름	산딸기 마을
커뮤니티 국적	국내
커뮤니티 사이트 주소	http://www.rasplay.org/
커뮤니티 특징	국내에서 왕성한 활동을 펼치고 있는 라즈베리파이 대표 커뮤니티 사이트입니다. 홈페이지와 블로그 형태로 운영되고 있으며, 국내 D.I.Y 문화를 정착시키기도 하였습니다. 홈페이지 내에 다양한 공개 프로젝트들과 세미나가 존재하여 능동적인 참여가 가능한 것이 특징입니다.

[표 8-2] PI PC 커뮤니티 사이트 정보

커뮤니티 이름	PI PC
커뮤니티 국적	국내
커뮤니티 사이트 주소	http://cafe.naver.com/pipc
커뮤니티 특징	Naver cafe로 만들어진 라즈베리파이 커뮤니티 사이트입니다. 회원수가 2만 5천명이 넘는 대형 커뮤니티로 OS, 게임, 로봇, 서버, 영상/음향 등의 다양한 주제로 라즈베리파이 커뮤니티 활동이 이루어지고 있습니다.

[표 8-3] Instructables 커뮤니티 사이트 정보

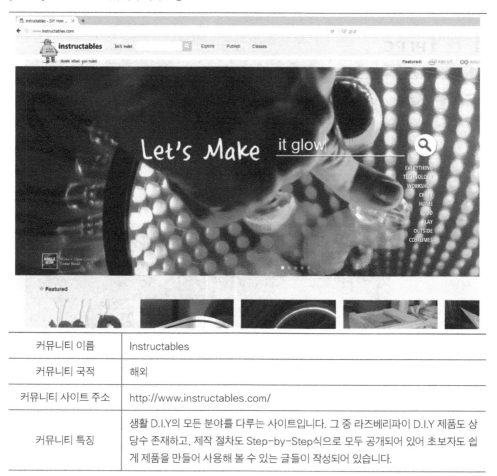

커뮤니티 이름	Instructables
커뮤니티 국적	해외
커뮤니티 사이트 주소	http://www.instructables.com/
커뮤니티 특징	생활 D.I.Y의 모든 분야를 다루는 사이트입니다. 그 중 라즈베리파이 D.I.Y 제품도 상당수 존재하고, 제작 절차도 Step-by-Step식으로 모두 공개되어 있어 초보자도 쉽게 제품을 만들어 사용해 볼 수 있는 글들이 작성되어 있습니다.

[표 8-4] Element14 커뮤니티 사이트 정보

커뮤니티 이름	Element14
커뮤니티 국적	해외
커뮤니티 사이트 주소	https://www.element14.com/community/welcome
커뮤니티 특징	라즈베리파이를 포함한 여러 임베디드 시스템을 다루고 있는 커뮤니티 사이트입니다. 앞서 언급했던 커뮤니티 사이트들보다 전문적이고 자세한 내용이 주를 이루고 있어 어느 정도의 지식이 있다면, 유용한 커뮤니티 사이트입니다.

8.2 라즈베리파이 보드 각 모델별 상세정보

[표 8-5] 라즈베리파이 보드 각 모델별 상세정보

항목	라즈베리파이 1			라즈베리파이 Zero	라즈베리파이 2	라즈베리파이 3
모델	B	A	B+	–	B	B
System on a Chip	BCM2835				BCM2836	BCM2837
프로세서 코어 개수	싱글 코어 (32bit)				쿼드 코어 (32bit)	쿼드 코어 (64bit)
처리 속도	700 MHz			1 GHz	900 MHz	1.2 Ghz
RAM	256MB 512MB	256MB	512MB		1024MB	
GPU	VideoCore IV 250 MHz					VideoCore IV 400 MHz
핀 헤더 개수	26 핀	40 핀				
영상/음향 포트	3.5 mm 오디오 잭, 영상/음향 혼합 HDMI 포트			미니 HDMI 포트	3.5 mm 오디오 잭, 영상/음향 혼합 HDMI 포트	
이더넷 포트 유/무	유	무	유	무	유	
WiFi 내장 유/무	무					유
Bluetooth Low Energy 내장 유/무	무					유
USB 2.0 포트 개수	2 개	1 개	4개	마이크로 USB 1개	4개	
전원 공급 방식	Micro 5핀 USB 포트					
Memory card 슬롯 방식	SD 카드	마이크로 SD 카드				
디지털 인터페이스 방식	CSI (카메라), DSI (디스플레이) 리본 케이블 커넥터					
크기 (가로×세로)	85.6 × 56.5 mm			65 × 30 mm	85.6 × 56.5 mm	

8.3 각 음정에 대한 주파수 값

[표 8-6] 각 음정에 대한 주파수 값 (Hz)

옥타브 음정	1	2	3	4	5	6	7	8
C	33	65	131	262	523	1,047	2,093	4,186
C#	35	68	139	277	554	1,109	2,217	4,435
D	37	73	147	294	587	1,175	2,349	4,699
D#	39	78	156	311	622	1,245	2,489	4,978
E	41	82	165	330	659	1,319	2,637	5,274
F	44	87	175	349	698	1,397	2,794	5,588
F#	46	92	185	370	740	1,480	2,960	5,920
G	49	98	196	392	784	1,568	3,136	6,272
G#	52	104	208	415	831	1,661	3,322	6,645
A	55	110	220	440	880	1,760	3,520	7,040
A#	58	117	233	466	932	1,865	3,729	7,459
B	62	123	247	494	988	1,976	3,951	7,902

8.4 참고문헌

[1장]

1.1. 위키백과, 'Raspberry pi history', https://ko.wikipedia.org/wiki/라즈베리_파이

1.2. Nova Digital Media, 'Raspberry pi history', http://novadigitalmedia.com/history-raspberry-pi/

1.3. Instructables, 'Raspberry pi Arcade Table' http://www.instructables.com/id/Raspberry-Pi-Arcade-Table/

1.4. Instructables, 'Raspberry Pi, Internet Radio', http://www.instructables.com/id/Raspberry-Pi-Internet-Radio/

1.5. Instructables, 'Raspberry Pi Internet Weather Station', http://www.instructables.com/id/Raspberry-Pi-Internet-Weather-Station/

[2장]

2.1. 위키백과, 'Raspberry pi Release date', https://en.wikipedia.org/wiki/Raspberry_Pi

2.2. Sean McManus and Mike Cook, 「Raspberry Pi For Dummies」, John Wiley & Sons (2015), pp.52-54.

2.3. Richard Wentk, 「Raspberry Pi For Kids For Dummies」, John Wiley & Sons (2015), p.14.

[3장]

2.4. Sean McManus and Mike Cook, 「Raspberry Pi For Dummies」, John Wiley & Sons (2015), pp.76-110.

[4장]

4.1. Richard Wentk, 「Raspberry Pi For Kids For Dummies」, John Wiley & Sons (2015), pp.96-117.

[5장]

5.1. Sean McManus and Mike Cook, 「Raspberry Pi For Dummies」, John Wiley & Sons (2015), pp.186-214

5.2. 박응용, 점프 투 파이썬, '파이썬 자료형', https://wikidocs.net/11

5.3. 박응용, 점프 투 파이썬, '파이썬 제어문', https://wikidocs.net/19

[6장]

6.1. SunFounder, 'Sensor Kit V2.0 for Raspberry Pi B+', https://www.sunfounder.com/learn/category/sensor-kit-v2-0-for-raspberry-pi-b-plus.html

6.2. RaspberryPi-spy, 'lcd_i2c', http://www.raspberrypi-spy.co.uk/2015/05/using-an-i2c-enabled-lcd-screen-with-the-raspberry-pi/

[7장]

7.1. GitHub, 'pyowm', https://github.com/csparpa/pyowm/wiki/Usage-examples

7.2. 프미케의 낙서장, 'Raspberry Pi gstreamer', http://pmice.tistory.com/292

INDEX

공성곤
- 세종대학교 컴퓨터공학과 교수
- 서울대학교 공과대학 졸업
- 미국 남가주대학교 공학박사
- 전 미국 테네시대학교 및 템플대학교 교수

백종웅
- 세종대학교 컴퓨터공학과 석사과정
- 세종대학교 컴퓨터공학과 졸업

라즈베리파이 따라하기

1판 1쇄 인쇄   2017년 02월 20일
1판 1쇄 발행   2017년 03월 03일
저   자 공성곤, 백종웅
발 행 인 이범만
발 행 처 **21세기사** (제406-00015호)
　　　　경기도 파주시 산남로 72-16 (10882)
　　　　Tel. 031-942-7861   Fax. 031-942-7864
　　　　E-mail : 21cbook@naver.com
　　　　Home-page : www.21cbook.co.kr
　　　　ISBN 978-89-8468-706-6

정가 20,000원